GAME UI
DESIGN

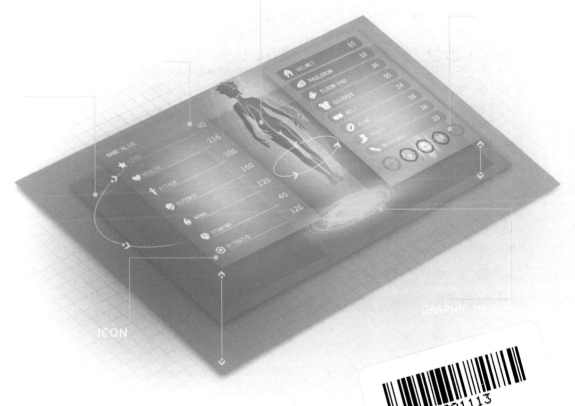

ICON

GRAPHIC DESIGN

GAME UI

游戏UI设计：修炼之道

The Road Of Game UI Designer   师维 著

电子工业出版社
Publishing House of Electronics Industry
北京·BEIJING

内容简介

本书由一线资深设计师结合游戏UI研发的工作经验创作而成，由浅入深地为读者介绍了什么是游戏UI、游戏UI的职业角色及基础知识、游戏UI设计技能修炼的方法、移动设计新视角、游戏UI风格设计和趋势探索等相关知识。

作者将自己多年的工作经验和专业思考，以文字的形式整理出来分享给大家。通过系统介绍游戏UI设计的思维方式、知识体系、学习方法、工作流程和工作方法，帮助处在不同阶段的设计师读者适应不断变化的工作模式。游戏UI设计并不局限于交互流程、图标设计、界面设计等单一的执行层面，而是游戏体验设计的重要组成部分。因此做好游戏UI设计需要关注游戏产品整体的体验而不能局限于某一个任务流程。

希望本书能够帮助设计新人或者在职场中感到迷茫的设计师解决一些在实际工作中遇到的常见问题，找到清晰的职业发展方向。同时也希望游戏行业的产品经理、开发人员、运营推广人员能够阅读本书，以便与设计师合作创造出更好的游戏体验。

图书在版编目（CIP）数据

游戏UI设计：修炼之道 / 师维著. —北京：电子工业出版社，2018.1
ISBN 978-7-121-33254-8

Ⅰ. ①游… Ⅱ. ①师… Ⅲ. ①游戏程序—程序设计 Ⅳ. ①TP317.6

中国版本图书馆CIP数据核字（2017）第306190号

责任编辑：孙学瑛
印　　刷：北京虎彩文化传播有限公司
装　　订：北京虎彩文化传播有限公司
出版发行：电子工业出版社
　　　　　北京市海淀区万寿路173信箱　　邮编：100036
开　　本：720×1000　1/16　印张：15.75　字数：286千字
版　　次：2018年1月第1版
印　　次：2024年2月第10次印刷
定　　价：79.00元

凡所购买电子工业出版社图书有缺损问题，请向购买书店调换。若书店售缺，请与本社发行部联系，联系及邮购电话：（010）88254888，88258888。

质量投诉请发邮件至zlts@phei.com.cn，盗版侵权举报请发邮件至dbqq@phei.com.cn。

本书咨询联系方式：（010）51260888-819，faq@phei.com.cn。

嗨！我是王海银，很高兴看到这本有关游戏界面设计的书籍面世，也很高兴能为它作序。我于2007年进入游戏行业，在西山居从事游戏界面相关工作。2014年1月1日，我离开了做了6年的《剑网3》，来到墨麟集团创立交互体验部门。我大刀阔斧地合并了当时的美术UI人员，从零开始组建各个职能团队。不到3个月，我们就建立了完善的工作流程并得到各产品团队的认可。对于一个以页游起家的新兴游戏公司而言，这样大胆和前卫的举措，非常少见。这里面墨麟CEO陈默先生敏锐的前瞻性和决断力起到了非常重要的作用，这也是我加入墨麟创建体验团队的一个重要原因，与此同时，墨麟也提供了我在商业化游戏中探索交互设计的可能。

众所周知，"用户体验"在互联网发达的今天，早已不是什么新鲜词汇了。大大小小的峰会、讲座，令人目不暇接的体验组织、协会，但凡一个成功的案例分享，都少不了把用户体验拿出来说一说。游戏也一样，我参加过很多会议，老实说我很兴奋，因为大家都说"游戏体验"，甚至把它作为产品攸关生死的重要考量要素。在过去，我们说游戏要好玩，然后我们说游戏要赚钱，再后来我们说游戏要既好玩又赚钱，现在我们说游戏不但要好玩，要赚钱，还要有好的体验。仿佛一夜之间，精品化的大浪潮让用户体验变得炙手可热，姑且不论有多少人真正理解用户体验，但至少说明，游戏体验的大时代来了！我们开始懂得注重产品细节，越来越尊重玩家，倾听他们的声音，甚至去努力经营我们与玩家之间的关系。当然罗马并非一天建成，这依旧是一片混乱的土壤，周围充斥着无数急功近利的淘金者和伪善者，理解用户，甚至真正做到以用户为中心很难，但其必然是这个时代的生存之道，是每个还在努力奋斗的游戏开发者应该共勉的事。

游戏开发是非常复杂的，它所融合的内容涉及方方面面，优秀的制作人善于将其完美地整合在一起，知道什么是舍，什么是得。而游戏体验设计绝对不止是一个界面、一个图标、一段绚丽的动效，它是基于游戏玩法而提供的一整套自然而流畅的解决方案。我们知道，一个游戏好不好玩，通常是指这个游戏所提供的核心玩法及延展出来的内容设计，这包含了更宏观的角度，即游戏制作人的角度去规划设计。而如何让用户更容易触碰到玩法的核心，即从游戏开始，到游戏内容中所有人机交互界面及其引导层的设计。

本书孵化于三年前，最初我们希望能通过此书将经验分享给那些无论是在职设计师或是想踏入游戏UI领域的人们。两年前我的离开险些葬送这样一个美好的愿景，幸运的是，本书的作者师维，作为墨麟体验团队最早的核心设计师，该团队的现任负责人，她克服了所有困难并终将这个愿望实现了，这无疑是值得骄傲和令人鼓舞的事。她以游戏图形界面为核心切入点，全方位讲述了游戏UI设计师从入门到成长为一名优秀设计师所需要掌握的内容，其中不乏大量基础知识和精彩的案例讲解。作为一本市面上不可多得的"游戏界面教科书"，它不仅适合新手，对从业者也有非常多的启发。

在写这篇序之前，师维希望我能给那些在行业中迷茫的设计师或新人们一些建议。我想引用已故任天堂社长岩田聪在2005年GDC大会上的一句话来描述我的想法：

> 在我的名片上，我是一个社长；在我的脑海里，我是一个游戏开发者；但在我心里，我是一个玩家。

——岩田聪

UX领域里我们常常提到以用户为中心的设计，在此，我们同样希望这个行业的每一位开发者都怀抱着对游戏的热情，先把自己杯子里的水倒掉，将自己对已知的内容陌生化，尝试从玩家的角度去重新理解和挑战它。记住你时刻都是一个玩家，纵使面对自己的设计。当然这经常被认为是几乎不可能做到的事，毕竟从我们担任设计者这个身份开始，已经代入了"主观创造"的标签，但每次你尝试这样去思考的时候，已经向前迈进了一大步。

常有人问我如何快速进入这个行业并提升自己？一般理论都认为设计是没有捷径可走的，但总是有一些行之有效的方法。

首先，要了解这个领域。包括游戏设计流程、分工、市场运作。这些对你而言至关重要，然后找准你的位置，了解你的核心职责是什么。试图寻找这个领域的优秀案例与成熟团队。游戏设计的知识大多以经验的形式被积累，这就要求你尽可能广泛地涉猎各种知识，并结识不同职能的开发者，这会让你在设计和遇到问题时能有更广的思考空间。

其次，对自身要有足够的了解。尝试去发现你的优势和劣势，有针对性地锻炼，合理分配你的时间。学会用正向和逆向的思维去推导别人这么做的原因是什么，初衷是什么，设计目的和需求是什么，学会去总结它们。

最后，借此序文，我想将此书推荐给所有热爱游戏，并对游戏图形界面感兴趣的人们！

王海银

西山居 设计总监

《游戏UI设计：修炼之道》是一本务实的书籍，对于即将进入游戏行业的学生是很好的实战技巧学习材料，同时对于已经有一定工作经验的从业者，更能起到知识梳理的作用。

游戏UI设计，相对于其他UI设计工作而言有一定的差异性需求，同时在游戏制作团队里其工作性质也有特殊之处。设计师自然需要对游戏产品有深度的理解，如果是核心玩家，就更得心应手。在很多国外的小团队创作中，大家的职能有很多交集，所以经常能看到一个游戏有好几个制作人的情况，有的偏向交互设计，有的偏向玩法，但通常所有创作者都是核心玩家。

对于大型的游戏研发团队，UI设计甚至会成为一个部门。其设计水准直接决定了玩家的体验感受，往往还会直接影响到游戏上线后的玩家数据。这也促使很多大型的公司在UI设计环节紧密地和玩家行为大数据结合，不断去做迭代的推演。本书作者是行业内的资深设计师，多年的工作经验积累，加之对UI设计的归纳总结及经验的梳理，给养了这本书里的所有内容，其理论和工作方法会快速地提升UI从业者的能力。

除此之外，本书还介绍了一些UI的发展历程，以及作者个人的观点。如今行业中对UI设计师越来越推崇，因为游戏内容的媒介在不断地变化。从主机到现在主流的移动终端，也已经陆续开启了对未来媒体下游戏内容的生产。我相信VR、AR游戏的UI设计师又将面临全新的挑战。

张兆弓
中央美术学院未来媒体与游戏设计工作室导师

对渴望了解更多游戏UI设计的朋友而言，本书可以极大地丰富视角和视野，作者通过结合实践范例把游戏UI基础知识、技能训练、方法论巧妙地结合在一起，师维这本书系统、透彻、实用，是我们期待已久的参考资源，推荐大家拥有。

胡晓

国际用户体验设计协会（IxDC）秘书长

收到师维所赠的新书初稿，正赶上回国参加游戏展，我利用在飞机和高铁上的时间断断续续翻阅完毕。阅读间，不由得想起十几年前跟我哥叶展合著《游戏的设计与开发：梦开始的地方》的时光，顺道感慨了一下国内外游戏业十年之间的巨变。

师维的书，从人机交互这个在游戏开发中屡屡被轻视的角度切入，梳理历史，解析理论，列举实例，覆盖了从网游、页游、手游、主机乃至VR、AR这些最新的领域，读到最后的确有些惊喜。

此类讲设计开发的游戏书籍，并不会让阅读者看完了之后就立刻学会一套拳法来称霸武林，它的意义在于将一些概念、理论和方法传播开来，引发读者的兴趣和思考，从而去寻找更多的解释或在游戏开发中开始使用这些理论。可以把这类书看成一种开智的小工具。除了游戏UI的从业人员，非人机交互或者游戏UI设计人员，以及有意从事游戏开发的朋友阅读此类书籍，必然会有收益。

叶丁

《电子游戏软件》特约撰稿人、《游戏的设计与开发：梦开始的地方》联合作者、

Zing Games游戏制作人

游戏UI作为与游戏美术同样给玩家传达第一眼游戏印象的视觉元素，已经越来越多地受到玩家与游戏制作者的重视，游戏UI也逐渐从游戏策划、游戏美术岗位中分化成为一个专业的职位。国内头部研发厂商诸如网易、腾讯均有百人规模以上的专业游戏UI设计团队，也吸引了越来越多的人才加入到游戏UI设计的发展，但在通往游戏UI设计大师的修炼之路上却缺少与之匹配的理论、实践与方法论的系统沉淀，这不得不说是一个遗憾。所幸，师维在本书中将其在从事游戏UI设计十余年

间的专业方法进行了提炼升华，加上大量丰富的实战案例进行了深入浅出的阐释，相信可以帮助各位同行快速提升找到捷径。同时书中对于眼下热门的移动平台游戏UI，以及未来以VR、AR等交互技术突破为核心的NUI（自然用户界面）的分析与展望，也给了我们十足的信心去迎接游戏UI更蓬勃的发展机遇。

刘建

阿里移动事业群–阿里游戏–高级用户体验研究专家

随着国内游戏产业十多年的自我发展完善和手游时代来临后对于整个游戏产业的冲击，无论是各个研发量级的游戏研发商，还是各种类型偏好的游戏玩家，都对游戏产品的体验品质有了更高的要求。国内的游戏产业也逐步由早年的疯狂滥制的暴利时代转变为追求匠心打磨和情感表达的品质为王时代。市场竞争加剧的同时也驱使作为设计师的我们不得不更加努力地学习和思考真正能有效改善玩家体验和准确传递设计意图的方法及工作流程。游戏设计是一门非常复杂的综合类学科，它涉及了心理学、美学、文学、社会学、计算机图形学等众多的领域，游戏的形态和媒介本身也在不断地随着科技的发展而改变进化，这也使得我们在不断更新基础专业技能的同时更加关注设计的本质，更加重视设计思维和思辨能力的锻炼，但正因为如此，也使得我们愈发发现自己所从事工作的重要价值，体验到设计的真正乐趣。目前对于业界来说，真正系统研究游戏界面设计方法的理论书籍还非常少，这本书不一定能真正帮助它的读者成为所谓的"设计大师"，但期望它能成为怀揣着梦想的设计师们更加理性、专业地看待自己所从事的工作，完善游戏体验设计技巧，完善自我认知能力所跨出的重要一步！

Manrana刘刚

腾讯游戏NEXT用户体验设计中心　设计总监

随着近几年游戏行业的高速发展，游戏UI专业领域一直缺乏有深厚实战经验的设计师，可以系统、专业、全面地去梳理归纳理论与实战技巧。入行十多年、游戏项目经验丰富的师维，能够如此用心且深入地介绍游戏UI领域与技巧，这本《游戏UI设计：修炼之道》很好地填补了这方面的空白。作者从游戏UI的角度介绍了各领域的设计方向，从多领域多视角阐述，对游戏UI的岗位职能与所需具备的能力、思考方式，进行了抽丝剥茧的引导与讲解，系统专业地剖析这个岗位。本书既适用于游戏UI初学者，同时也可以帮助中高级游戏设计师进行提高，阅读这本书会是你对固有的游戏UI思考方式的一次淬炼。

林森

GAMEUI-游戏设计圈聚集地 创办人

随着游戏世界的内容量由简单的画面到今天丰富的世界观，游戏UI在这个过程中起到了非常重要的意义，用户通过扮演游戏角色来体验游戏，然后同时通过游戏UI来完成对世界的理解，完成社交等一系列的目的，完成一套和游戏世界观相符的游戏UI是一个不小的难度。而纵观整个游戏行业开发的历史，游戏UI这个职能的设计师也是从边缘到核心的过程。这个岗位天生需要设计师的复合属性，丰富的知识面、良好的沟通能力、敏锐的洞察力、技术的运用能力。在这个岗位的专家都有着极为曲折的职位成长史。如何让这个领域的新人，能够更系统地学习及成长，一直是困扰各团队的难题。正因为如此，本书意义重大。师维是我认识的众多资深游戏UI设计师中极为认真和专注的一个。在第一次的提纲中，就一把抓准了书籍的定位和范围，通过众多国内外的优秀案例和她的切身体会，全面地阐述了游戏UI所涉及的各方面的知识点。希望这种行业布道师的精神，可以为这个行业的发展提供更强劲的动力。

iconboy 刘惠斌

艾空未来创始人

电子游戏从诞生伊始就展现出与电影、动画、小说等传统媒介十分不同的特性——通过交互来传达体验。国内三十多年前第一批接触电子游戏的玩家回首往事，虽然影视剧、动画的声光效果远远优于当时的游戏，但留下最为深刻印象的还是那些至今历历在目的游戏——在《超级马里奥兄弟》中成为不断突破险境拯救公主的英雄；在《魂斗罗》中变身对抗异形守卫地球的勇士；在《双截龙》中惩恶扬善；哪怕画面简陋的《Pong》也能将思路上的灵活敏捷体现在控制的球拍上……所有这些，皆因游戏中的交互使玩家可以通过摇杆、手柄、鼠标、触屏等设备直接变身成为游戏中的主角或主宰——主角的经历、主宰的经历也就成了玩家自己的经历。而同时代的电影、动画等则是透过屏幕在看别人的故事。回首过去，当然是自己经历过的事情印象更为深刻。而在交互体验中，UI设计对于游戏的体验传达起着十分重要的作用，但这个领域，特别是根据原创游戏的需求来进行系统UI设计的方法论，国内由于种种原因一直没有给予应有的重视而鲜有着墨。所幸随着App

Store、Steam等平台不断用体验精良的游戏作品引导主流人群开拓游戏眼界，数量庞大的玩家对于原创游戏的需求有了相当规模的增长。顺应时势，此书可以带领从业者从游戏发展的脉络出发，在UI设计的各个方面提供系统而充实的营养，为"品质至上"的游戏时代全面到来奠定UI上的坚实基础。

熊拖泥
独立之光布道师

序：敲开游戏UI设计大门

随着互联网和电子游戏行业的飞速发展，游戏研发企业越来越重视游戏产品的用户体验（UE，User Experience），而用户界面设计（UI，User Interface）是用户体验中最直接的部分。

游戏UI设计是建立在科学之上的艺术设计。游戏UI设计就像是产品的造型一样，是游戏产品的重要卖点之一，好的游戏UI带给人舒适的视觉感受，良好的交互方式能拉近玩家与游戏的距离。

如果不是"用户体验"这个热点越来越被行业大佬们所重视和提倡，可能大多数人只关注游戏的角色、场景，以及剧情玩法等。

也许你和许多人一样，即使玩过很多游戏，也没有关注过游戏UI。

那么，在系统地学习本书之前，先来大概了解游戏UI吧。

UI教育的现状

由于国内大多数高校尚未开设UI设计专业，导致整个互联网行业的UI设计专业人才供不应求。与此同时，很多UI设计师因为越来越严重的加班和压力选择离开这个岗位，其中有一大部分UI设计师转向了产品经理、项目管理等其他岗位，这就加重了人才方面的短缺，也因此使得各种UI设计培训班大量涌现。

然而，现在很多培训机构推出的UI设计培训班的课程很多，如ICON设计、网页界面、iOS界面、安卓界面、APP设计、按钮控件等，海量的课程内容让人望而却步。其实这么多门课程的内容很多都是重复的。UI设计专业，与所用的是iOS系统还是安卓系统并没有直接关系，只是不同的设计领域有不同的针对方向，不同的研发团队有不同的工作流程罢了。

其实，真正针对游戏研发，特别是针对游戏UI设计的培训少之又少。

大部分培训班名义上是游戏UI设计，实际上仍是传统网页设计课程，这种培训大量罗列制作方法和基础课程，整个过程更多的是匆忙地追赶课程进度，没有时间让学员学会独立思考，以至于他们参与到游戏研发的实际工作中以后，还需要企业进行内部培训。

其实，游戏UI设计所涉及的知识面是非常广泛的。

游戏UI设计是一种创造性的工作，也是游戏开发中不断力求完美的环节。

游戏UI设计是一项逻辑性的工作，也是游戏开发中不断克服困难的过程。

为什么选择本书

如果你跟其他人一样，也有下面的一些疑惑：

我学的是艺术绘画专业，想转行做游戏UI设计能行吗？需要怎么入行？

我不是美术相关专业的，适合做游戏UI设计吗？

游戏UI设计一定要手绘吗？还需要了解哪些知识？

有一定的美术基础和设计专业背景，可以自学游戏UI设计吗？

游戏UI设计能给我的独立游戏带来一些帮助吗？

……

那么，拥有本书是你最好的选择。

什么人适合游戏UI设计

面对不同的起点，到底谁更适合做游戏UI设计师呢？

其实在这个行业中有很多策划人员、程序设计人员等都不是相关专业出身的。甚至很多设计师乃至设计总监，他们的专业也都与游戏或者设计毫不相干。当然，如果你专业对口，在工作中一定会有些优势。

也有人好奇：到底是男人还是女人适合做游戏UI设计？是不是做设计都是吃青春饭？

人类从远古到现代的进化过程中曾经出现过女性色彩感更好、男性空间感更好的阶段，但当今的教育和生活早已脱离远古时代，通过学习和训练，男性和女性的天赋差异虽然没有完全消失，但也没有那么鲜明了。

无论你研读一些设计大师的书籍，还是参加一些互联网大会，各种学习论坛，以及线下培训。你会发现很多在某种领域做出成绩的人，都是源自内心的热爱和坚持。

游戏UI设计需要什么样的能力

游戏UI设计师需要有综合能力，手绘只是其中必备的一项技能。至于是否适合做这一行，在很大程度上取决于你是否有强烈的兴趣，以及一定的决心和天赋。

你是否热爱各种热门好玩的游戏？

你是否喜欢研究哪些游戏的体验更好？

你是否充满灵感和创意？

你是否喜欢发现问题，并积极地尝试解决它们？

你是否喜欢思考问题，罗列各种因素并寻找它们的逻辑关系？

在绘制图形时，你是否有强烈的兴奋感？

你是否喜欢通过交流来让自己的想法得到其他人的认可？

你是否对自己有一定的规划，并且勇于突破自己？

如果这些问题让你感到无从回答，或者说大部分答案都是"NO"，那么你要认真思考自己是否真的适合这个行业了。

如果现在你没有答案，但是有足够的热爱，你可以努力培养游戏UI设计方面的意识。很多人转行只是为了得到丰厚的报酬，他们往往遇到一点挫折就认为这个行业"不好混"，最后希望幻灭悻悻离去。

如果没有爱，就是在消耗。没有爱是什么都做不成的，只有心中有爱，能静得下心来，才能克服重重困难达到更高的境界。因为支撑我们一直以饱满的热情投入到游戏UI设计研发中的，往往是最初对游戏和专业单纯的热爱。

给新人的若干建议

建议一：看，做，想。

作为一个新人，刚入行不必急于表现效果和过多地研读理论。可以一边动手临摹一边多看专业网站的设计文章。站酷、花瓣、UI中国、GAMEUI游戏设计圈聚集地、UXRen用户体验人的专业社区等都是必看的。养成独立思考分析的习惯，多研究好的游戏，思考别人这么做的原因，这些都是日常必做的功课。无论选择上培训班还是自学，都要从多维度去摄取知识。

建议二：交流。

加入一些游戏UI设计的交流群，结交一些同行是很不错的，但不要只是为了索取别人作品的源文件而结交人。现在是互联网信息共享时代，每年都有很多优秀的交流活动，比如Create Change 设计论坛、IxDC国际体验设计大会，如果你是学生，可以去申请做志愿者，可以开阔眼界，认识很多设计大师和设计高手。

建议三：信息搜索。

当然最重要的还是通过实习或者正式的工作来积累项目经验。至于公司，你可以根据自己的实际情况去选择大公司或者小公司。大公司和小公司各有各的特点，相对来说大公司更加专业，福利待遇和发展空间也更大。但无论在哪里，都需要保持自己的专业度，多听听行业发出的声音，而不是被不良环境所影响。那么怎么了解游戏公司的信息呢？21世纪是信息大爆炸和大数据的时代，信息搜索能力也是设计师需要具备的一项基本技能，这项技能会为你今后的设计工作带来很多帮助。总的来说，整个互联网都是你的老师。

建议四：坚持。

初次求职没有被录用也不必灰心，如果你真的想做一件事，坚持是必须具备的素质。你可以自己多临摹优秀的设计作品，根据自己喜欢玩的游戏，主动尝试做虚拟项目，或者分析某款游戏UI设计的优劣并进行迭代。在这个过程中重要的是理清自己的思路而不是展示设计结果。

将这些完成的项目及时总结，笔记和博客都是很好的方式。这些良好的习惯可以给你带来更多的朋友和更多的就业机会。

怎样做一个好的游戏UI设计师

从主观上来说，游戏UI设计不仅要考虑如何绘制花纹、摆放按钮，更重要的是考虑用户的交互方式，以及程序的实现。这就意味着，游戏UI设计不仅要考虑美观性，还要考虑是否好用。

以按钮为例，什么样的界面、什么样的玩法需要怎样的按钮？这些按钮要如何设计才能让玩家更好地理解游戏的玩法，给玩家一个良好的体验呢？

从客观上来说，在游戏研发前期，在美术风格还没有敲定下来的时候，游戏UI设计师就需要参与其中。游戏界面存在的意义就是为了实现游戏与玩家之间的交流，这里的交流包括玩家对游戏的控制，以及游戏给玩家的提示和反馈。游戏UI的首要目的是实现控制和反馈。心理学讲人类喜欢控制，可控的事物可以给人以简单和安全的感觉。

玩家沉浸在游戏世界中，游戏需要告诉玩家眼前的游戏世界正在发生着什么，玩家需要做什么，玩家来到这里可以得到什么，目标是什么，未来将会面临什么等大量信息。

玩家看到的和使用的是游戏界面而不是深藏在视觉背后的体系结构。把游戏界面做好，可以增强玩家体验游戏时的愉悦感，并且让其更容易掌握游戏玩法。

所以在游戏研发初期，先去设计游戏UI、再考虑程序实现要比在一套已有代码上面包一层华丽的皮更有意义。

对于游戏UI设计师来说，工作职能不仅是做设计，还要对一个效果负责到底，效果的好坏体现了设计师解决问题的能力。中间实现起来可能会遇到策划、程序等多方面问题，但是在同等资源条件下，能想办法让结果更好一点，设计师的价值便体现出来了。

为什么写这本书

现在市面上有很多UI方面、用户体验方面的书籍，但游戏UI相关的内容太少。有些侧重于专业理论的讲解，就如同上学时的教科书，让很多初学者觉得晦涩难懂；有些偏向于软件教程，不能够满足解决工作中实际问题的需要，因而经常有一些不同阶段的设计师会找我聊各自的困惑。

幸运的是我所在公司非常重视用户体验，并在早期就成立体验设计中心。而团队的存在在于群体学习情况下，很多问题能够及时解决并总结，然后分享给部门的其他项目的设计师，减少研发环节中出现重复消耗的情况，形成了知识和经验的共享。领导们鼓励大家参与公司的内部交流分享和外部的培训学习，从不同领域的设计师及游戏行业前辈那里，我可以学到很多宝贵的经验。

在设计中心可以广泛地接触不同类型的项目，做设计管理对视野和综合经验积累有帮助，由于坚持在一家公司工作，我可以对产品进行深入了解。在解决大量相关性问题后，我逐步建立起自己对产品和服务的一些思考逻辑，这使得我能跳出单一的设计角度去看待设计问题。

我在自己的工作重心由自我提升转变为带动他人提升的过程中也有很多体会，除去做不同项目之外，还要把一部分精力花在沟通协调、招聘等方面。比如分析团队成员的能力模型，帮助他们专注个人成长，明确目标来实现自我价值，以及用为他人服务的意识去解决更多问题。

通过大量的磨合，我发现很多问题都是不断重复出现的。如为什么方案没有被实施？为什么方案频繁改动？为什么有些人进步非常快而有些人很努力却一直原地踏步？我们在实际的工作中，有太多不可预期性，问题往往比你想到的多，解决方案也许与你最初的构想千差万别，多次访谈总会有意外收获。

我逐渐明白很多情况比想象的要复杂，但也没有想象的那么糟糕。用包容开放的心态去看待，优秀的体验不是设计师或者开发人员独立完成的。我们有各自的专业，需要尊重彼此的经验。设计师坚守着一致性原则，开发人员从习惯的角度处理问题，这往往带来单一的视觉感受。专业化让我们成为专家，但也容易切断其他角度的视野，因此有时候策划人员提出一些看似不可思议的构思，我们需要加入更多的思考，思考如何将这种矛盾变成可能。

真正的创新是创造新的可能性，需要团队成员相互了解和信任。大家的工作理念和设计观念能够达成统一，不断扩展视野，对已有的经验进行反思和迭代。这对于设计师乃至整个团队来说都是一次机遇。

因此我希望能够将自己多年的工作总结以文字的形式分享给大家，让设计新人或者在职场中迷茫的设计师可以顺利解决工作和发展中遇到的问题。本书系统介绍了游戏UI设计的学习方法、思维方式、工作流程、工作方法，最重要的是这些知识都是与实际工作紧密联系的，并且都能在不断变化的工作模式中产生作用。

虽然书中都是拿过往的项目案例来分析讲解的，但是设计的基本原则都是相通的。本书能帮助设计师在实际工作中解决一些常见问题，也有助于游戏的产品经理、开发人员、运营推广人员了解游戏UI设计师的工作，以便更好地和设计师合作。

设计行业一直在飞速前进，工作方式和设计思维也在不断地更新迭代。我虽已用心竭力，但由于本人的能力及项目所限，难免存在不足，书中如有错误和疏漏之处，欢迎读者与我交流。

师维

2018年1月

致　谢

　　整理和记录一些工作心得是我的业余爱好，除此之外，我并无写书经验，但我隐约知道写书不是写几篇简单的分享文章就可以的。后期的完善和补充工作相比最初写作阶段，无论书稿的内容和我本人都经历了不曾想象的变化，因此十分感谢在这个过程中给予我鼓励和支持的家人与朋友！

　　非常感谢孙学瑛老师对本书不厌其烦地指导，这个过程让我受益匪浅。感谢徐峰为此书出版所做的推动工作。

　　感谢老板和上级领导多年来给予的机会与培养。感谢团队成员彭海燕在书籍封面设计和配图设计等多方面的支持与贡献，感谢沈美玲在手游经验及配图制作方面的支持，另外也感谢陈鑫、刘园、刘向阳等团队成员和弟弟师广雨对本书校对方面的支持。

「目录」

第1章　什么是游戏UI　　　　　　　　　　　　　　1

1.1　游戏UI的发展简史　　　　　　　　　　　2

1.2　游戏UI设计和其他UI设计的区别　　　　　4

1.3　怎样才算是好的游戏UI　　　　　　　　　6

1.4　游戏UI设计的职业角色　　　　　　　　　11

1.5　游戏UI在研发不同阶段的工作重点　　　　20

1.6　游戏UI在项目中的工作流程　　　　　　　22

1.7　视觉设计前的准备工作　　　　　　　　　23

1.8　小结　　　　　　　　　　　　　　　　　27

第2章　游戏UI的基础知识　　　　　　　　　　　29

2.1　游戏UI的专业知识　　　　　　　　　　　30

2.2　游戏UI的基础模块　　　　　　　　　　　44

2.3　游戏HUD界面　　　　　　　　　　　　　50

2.4　游戏系统功能　　　　　　　　　　　　　53

2.5　游戏的其他界面　　　　　　　　　　　　56

2.6　小结　　　　　　　　　　　　　　　　　62

第3章　游戏UI设计技能的修炼　　63

3.1　游戏图标设计　　64

3.2　游戏字体设计　　78

3.3　游戏界面设计　　97

3.4　可视化界面设计——文韬武略界面设计　　123

3.5　隐喻化界面设计——王土割据界面设计　　125

3.6　本地化界面设计——秦美人北美版界面　　127

3.7　提升转化率设计——游戏登录前期迭代　　130

3.8　现有IP还原设计——《古剑奇谭》游戏UI设计　　136

3.9　小结　　142

第4章　移动游戏UI设计新视角　　143

4.1　移动游戏UI设计的特征　　144

4.2　移动游戏UI设计　　163

4.3　移动游戏UI未来的新视角　　171

4.4　小结　　181

第5章　游戏UI风格与趋势探索　　183

5.1　游戏类型和题材对设计的影响　　184

5.2　如何设计游戏UI的风格　　195

5.3　游戏UI趋势探索　　215

5.4　小结　　229

终章：通往游戏UI设计大师之路　　231

第1章

什么是游戏UI

昨夜西风凋碧树，独上高楼，望尽天涯路。

衣带渐宽终不悔，为伊消得人憔悴。

众里寻他千百度，蓦然回首，那人却在，灯火阑珊处。

近代学者王国维在《人间词话》中提到治学有此三境界。

现代人的学习及行动法则无外乎也是三种层次：What（是什么）、How（怎么做）和Why（为什么）。

无论学习哪一个专业，首先都要搞清楚我们要学的是什么？有什么特征？有什么用途？总结和学习前人的经验是学习的起点。其次，我们要了解实现机制，也就是怎么做？脚踏实地、深思熟虑去刻苦钻研。最后，反思为什么要这么做？以人的认知过程由浅入深通过提问的方式进行深度思考。如果没有上下求索的过程，就不会有"功到自然成"的顿悟和理解。

1.1　游戏UI的发展简史

游戏是人类休闲娱乐的一种方式。随着互联网和智能手机的普及，移动游戏市场规模快速扩大，越来越多的用户加入游戏玩家的行列。游戏行业因创造越来越多的经济效益，而逐渐为更多人所青睐。

以往很多人觉得电脑是很难学习的，甚至连游戏也被认为是很有难度的。因为早期的DOS系统时代的计算机给人留下了刻板的印象，直到图形界面系统的出现才初步改变了这种认知。人生来就广泛地接触二维和三维的图形世界，图形界面的出现顺应了人类的本性。

游戏UI设计是近年来逐步发展起来的新兴的复合性职业，涉及面非常广泛，发展极为迅速。纵观整个游戏发展史，其中少不了游戏UI的影子。

1972年，雅达利研发出第一台类似网球的街机游戏《Pong》。

1979年，日本游戏公司南梦宫推出《小蜜蜂》街机游戏。

1980年，被认为经典街机游戏之一的《吃豆人》风靡全球。

1982年，任天堂推出划时代版游戏《大金刚》。

1997年，诺基亚推出第一款带有内置游戏《贪吃蛇》的手机。

2004年，触屏手机、PSP游戏机诞生。

……

其中几个具有里程碑意义的作品，如1985年的《超级马里奥兄弟》、1986年的《塞尔达传说》、1991年的《街头霸王》、1993年的《毁灭战士》、1995年的《命令与征服》、1996年的《暗黑破坏神》、2004年的《魔兽世界》、2006年的《战争机器》，以及近些年的《炉石传说》《部落冲突》《王者荣耀》等。

- 不同交互方式的游戏平台催生了不同的游戏UI。
- 有投币、摇杆按钮的街机。
- 有方向盘、飞行摇杆、跳舞毯的街机。
- 有手柄和按钮的家用主机。
- 有鼠标和键盘的个人电脑。
- 有实体按键的手机、既是手机又是掌机的N-Gage、单点触摸屏的DS、体感交互的Wii和Kinect。全屏多点触摸的iPhone，以及最新的VR、AR、MR等。

从人机交互角度看，UI界面是人与机器之间传递信息的媒介，从广义上讲，界面又称用户界面（User Interface，UI），是指人与物之间相互施加影响的区域。

早期的界面设计包含硬件界面和软件界面两方面的内容。比如XBox的手柄中的操作按钮是硬件界面；而在屏幕投影的游戏画面中，比如任务弹出框是软件界面。随着电子科技的发展，二者逐渐交融成了人机界面系统的重要组成部分，比如我们玩iPad，主要的操作都是在软件界面上进行的，如图1-1所示。

图1-1 XBox和iPad的操作界面

凡参与人机信息交流的领域都存在着用户界面。这个界面范畴能涵盖我们生活的每个环节，除了我们熟知的电脑界面，还有智能手机、车载系统、可穿戴设备等。这些领域与工业设计皆有一定的知识重叠，事实上UI最早就是从工业设计的范畴中独立出来的一个学科。但现在游戏行业大多数从业设计师涉及的不是硬件界面，而是其中的软件界面。我们常说的"UI界面"，往往特指游戏中的图形界面。

相比较于高格调、高门槛的主机游戏，只能在PC上操作的端游、页游和在手机上运行的游戏，无论从用户群还是使用场景的限制等多方面门槛都在逐渐降低，已然成了一种生活必需品。随着手游需求的日益增长，手游市场扩大，大量的研发团队与美术外包团队正在大批量地产出游戏。随着人们审美的不断提升，对画面质量的要求也越来越高，对游戏的可玩性和交互体验的要求也更加严苛。因此在目前的游戏行业中，游戏UI设计师已经越来越成为最热门的岗位之一。

在如此火热的行业趋势下，随着知识快速增长并且标准逐渐拔高，设计师的内心也出现越来越多的困惑和纠结。

- 游戏UI设计和其他UI设计有什么区别呢？
- 怎样才算是好的游戏UI？
- 游戏UI设计师的职业角色，以及不同职能的具体分工是怎样的呢？
- 游戏UI设计师在研发不同阶段的工作重点，以及具体项目中的工作流程又是怎样的？

带着这些问题，在接下来的章节中，我们逐渐展开介绍。

1.2　游戏UI设计和其他UI设计的区别

目前涉及UI设计的职业发展方向很多，其中包括网页UI设计、软件UI设计、游戏UI设计等。从本质上讲，网页UI设计和软件UI设计是先满足目标用户，再考虑产品品牌。而游戏UI设计是先满足产品背景，再考虑目标用户。游戏与其他领域不同的地方在于，游戏玩家没有非常具体的目标，游戏的本质是体验乐趣。

游戏UI设计从字面意义上看，既不是"游戏设计师"，也不是"UI设计师"。

简单地把游戏和UI设计拆分开来理解：

- 游戏，即人类的娱乐活动过程。
- UI设计是指对软件的人机交互、操作逻辑、界面美观的整体设计。

通过两个定义的结合，可以总结得出，游戏UI设计通过界面设计让玩家和游戏进行互动娱乐。

从其他UI和游戏UI的界面对比可以看出，移动互联网应用或者传统软件的UI设计几乎担当了整个产品全部的视觉表现，而游戏UI设计只是呈现了游戏美术的一部分而已，如图1-2和图1-3所示。

图1-2　其他UI界面

图1-3　游戏UI界面

　　移动互联网应用或者传统软件的UI设计通常更突出信息、追随潮流，而游戏UI的图标、界面边框、登录器等最常出现的几乎都是需要手绘的。并且需要设计师去了解游戏的世界观，根据游戏独特的美术风格去发挥想象。

　　其他类型的UI设计承载的是其产品的内容本身，而游戏UI承载的是游戏的内容与玩法，本质上都是引导用户和玩家进行更流畅的操作。由于游戏本身的特点也决定了游戏UI设计和其他UI设计在视觉表现、复杂程度和工作方式等方面的不同。

1.视觉表现不同

　　由于游戏UI视觉风格必须结合游戏本身的艺术风格进行设计，因此对于设计者的设计能力、手绘能力以及对游戏的理解能力要求更高。良好的艺术绘画功底、心理学原理及人机交互学等多种知识，可以使设计师从设计原理和用户心理出发，提高设计的准确性和可用性。

2.复杂程度不同

就大型网络多人在线游戏而言，由于游戏本身相当于一个庞大的世界，具有完整的世界观和复杂的故事性，因此在视觉、逻辑和数量上都更加复杂。而玩家一进入游戏世界就被游戏UI所引导，因此游戏UI在交互、视觉以及创意等方面的标准会更高。

3.工作方式不同

游戏UI设计不但要理解游戏产品的定位和游戏策划对玩法体系的归纳，而且要理解不同游戏艺术世界抽象的概念，最终进行图形可视化。良好的进度把控能力能促使设计师更合理地安排时间，以确保工作效率和质量。

1.3 怎样才算是好的游戏UI

图像技术和计算机性能的进步为游戏UI设计的发展带来了巨大的变化。从早期几乎没有图形界面的《Pong》，到后来有着庞大界面支撑的《魔兽世界》，再到几乎没有传统界面的主机游戏《死亡空间》，游戏UI从无到有，再由繁化简，这与不同时代背景、不同平台的特性有很大关系，如图1-4所示。

图1-4　不同时代游戏的UI界面

随着智能手机的普及和游戏玩法越来越丰富，以及同类精品的不断推出，游戏对UI设计的要求也越来越高。设计师只能与时俱进，找寻不同时代最适合自身产品的用户界面。对于游戏UI的好坏评判，每个人站的角度不同，各自观点也不同，所以看法也未必是一致的。

游戏也是产品，产品最终都要面对玩家。研发团队自己再喜欢，找来玩家做测试时才发现和预期的效果差距太大，还是要不断进行调整的。同样是面对游戏，玩家通常感受的是一个完整的体验，如游戏中获得了装备、与人交互带来的快乐、操作时的爽快感。而设计者更多关注界面相关的内容，如像素的对齐、花纹的节奏、图标和按钮的细节等，由于视角不同因而体验是不同的，如图1-5所示。

图1-5 玩家和设计师的不同视角

玩家是如何体验一个游戏的呢？

一般来说，用户体验产品可以分为产品功能、产品表现和产品使用感受三个层次；对应到游戏中，可以说是游戏玩法、游戏画面和游戏整体体验。

与产品以功能为主一样，游戏玩法往往是决定游戏好坏的关键。游戏画面的改进只能解决视觉表现本身的问题，而不能解决游戏其他的体验问题，也就是说单方面调整表面的视觉元素只起到换肤的作用，并不能改变游戏整体给玩家带来的体验。虽然良好的游戏画面对玩家有一定的吸引力，但游戏的玩法和整个体验才是决定玩家继续游戏的关键因素。

一般玩家不会过度关注界面视觉细节的感受，而游戏UI的交互方式、界面信息罗列的繁简反而是玩家最容易注意到的。总之，一个好的游戏UI是以用户为导向设计的，至少要符合好用易用、简单亲和、情感联系和可延续性四个特点。

1.好用易用

以用户为核心，尽可能地便于操作。

提供导向明确的操作流程，逻辑直接且不跳跃可以使用户消除疑惑，快速做出选择。

以内容为先导，尽可能地直观呈现。

根据核心的功能去简化内容复杂度，可以有效地减少玩家的思考时间和完成任务的难度。

如图1-6所示，左侧图当点击背包界面的随身商店按钮时，随身商店的界面则重叠在其上方，想查看已有物品，玩家就需要自己将界面移开；甚至有的游戏，玩家无法对其进行操作，必须关闭当前的界面，回到背包界面查看信息，然后再打开随身商店界面，这无形中增加了玩家操作的次数和记忆负担。

而右侧图的背包界面，点击随身商店按钮，窗体弹出后两个界面自动对齐，便于玩家随时查看已有物品，以此来对比做决定。例如在查看奖励物品或他人装备的Tips时，同时并列自己已有类物品和装备的Tips，这样可以很便捷地帮助玩家做比较。以系统核心功能为出发点，将内容以最直观的方式呈现，让玩家感觉一切都在自然而然地进行，在游戏中拥有控制感。

窗体弹出重叠　　　　　　　　　　　　窗体弹出自动对齐
不便于查看自己的物品信息　　　　　　　便于对比物品和做决定

图1-6　好用易用对比案例

2.简单亲和

简化操作带来舒适性。

渐进的呈现和任务拆分可以减少玩家的思考，从而降低游戏难度，让玩家对接下来的游戏产生一定的信心。

亲和传达带来愉悦感。

人的大脑为了快速处理信息，会自行将信息归类和组块，因而清晰明了的信息更容易让玩家沉浸在体验中，产生一定的愉悦感。

图1-7对比了两个游戏的初始阶段，上图的游戏展现了非常多的文字信息和系统入口，如果不是特别喜欢这个游戏的玩家，很容易因对这种画面产生疲劳感而放弃。下图的《不休骑士（Nonstop Knight）》游戏一开始没有任何界面信息，也没有复杂的操作，玩家被这种舒服的画面吸引，并放松下来去了解游戏的主题。这个游戏没有任何强烈的引导，只是根据剧情的发展逐渐开放需要玩家学习的一些技能。在游戏进行一段时间后，才出现半透明化的控件元素，当学习使用过后这些控件元素才被完全显示出来。

满屏功能需要逐个研究
信息量大且每个都强调

渐进呈现、操作简单
信息组块、归类清晰

图1-7　简单亲和对比案例

心理学研究表明人们喜欢做选择，但是太多选择反而给人带来压迫感。设计者不仅要研究人们的偏好，而且需要考虑如何思考和做决策。太多的干扰会让决策变得困难，只有简化不必要的信息，才能传达亲切友好的愉悦感。

3.情感联系

积极地传达产品整体的调性。

游戏每一处信息都传达着产品的整体调性，前期登录和新手引导部分会产生先入为主的心理效应，很容易影响玩家对这个游戏的印象。

适当地提示反馈和帮助。

用户需要提示反馈和帮助，仅有提示不仅没有实际的帮助，而且会造成困扰，因此需要考虑与用户互动是否符合真实人际交往的规则。

图1-8中有两个提示游戏无法正常运行的弹窗，左边界面仅有一句毫无情绪的文字提示，玩家阅读后会不明白为什么出现了问题？怎样解决这个问题？如果不是对游戏有强烈的探索欲望，玩家无从下手时很可能直接退出并卸载游戏。右边《保卫萝卜》的界面包括主角萌化的难过表情，文字具有拟人化的语气，结合上面的主角原画会有一种对话的感觉，并且提供了重新连接的按钮，让玩家觉得对出现的问题还是可以掌控的，因此更愿意继续尝试。当然，是否采用《保卫萝卜》的方法也需要根据产品整体的调性，具体问题具体分析。

仅有文字却无情绪　　　　　　主角难过且萌化的表情
文字具有拟人化和交谈的感觉
提供按钮对事件可操作

图1-8　情感联系对比案例

即使在虚拟的情况下，当人们感受到被关爱时，这种人与人之间的亲密感会让大脑释放出一种叫催产素的化学物质，这种物质会让人感觉到温暖的情感联系，从而产生信任感。

4.可延续性

为产品整体体验的品质而服务。

游戏UI设计不仅仅要好看、惊艳，还要确保效果在开发阶段能够被准确地实现。

一致的信息结构可以降低学习成本。

用户切换不同的系统界面可以轻松做出预期操作，降低用户认知负担并减少发生错误选择的可能性。

假设图1-9中的两张图都需要切图并输出给开发的游戏界面，左边的界面从视觉上看是非常丰富而吸引人的，但由于复杂的光影和造型，只能整图输出，并且在接下来的大量界面中出现过多庞大复杂的控件并不会带来友好的感觉。而右边的界面的内容比较简洁，可以被压缩得非常小，并且后续的界面也很容易被广泛应用，非常好做规范化处理。对于一些需要特殊表现的界面，可以考虑从真实的游戏场景、动效和特效等多方面去营造。设计师还需要考虑用户实际的使用场景，以及被程序实现的可能性。

复杂的光影和造型的界面　　　　　　　　简洁的质感和造型的界面
难以被切图以及规范化　　　　　　　　　轻量化切图容易规范化

图1-9　可延续性对比案例

　　游戏UI设计的目的是为了解决玩家需求，在降低理解成本的前提下，让玩家对游戏留下美好而深刻的印象。功能的易用是游戏UI设计的首要因素，它决定一款游戏的核心体验。而艺术则是游戏功能的外在表现，能够有效地提升游戏产品的市场价值。但是过度强调艺术感，一味地堆砌功能和装饰，不站在玩家的角度，只会让玩家产生距离感，因而游戏UI设计力求在功能性和审美性两者之间达到平衡。另外还需要考虑挖掘不同平台的特点，最大化体现该平台的优点，使之变为游戏在体验上独一无二的优势，这是非常关键的。

1.4　游戏UI设计的职业角色

　　在以用户体验为中心的开发过程中，考虑这款游戏产品的用户有可能采取的每一个行动、每一种可能性，并去理解这个过程的每一个步骤中隐藏的玩家心理预期。这样的事情不是一个人或一个部门就能考虑周全的，我们可以把用户体验的工作按用户体验要素进行分解。

　　有人擅长沟通，爱研究和分析，可以选择用户研究员的角色。

　　有人喜欢挖掘事物本质，拥有超凡的逻辑思维能力，可以选择交互设计师的角色。

　　有人喜欢画画、钻研视觉表现，可以选择视觉设计师的角色。

然而在各个游戏公司中，组织结构和业务划分都存在着差异。各部分在工作的过程中，有的是主要负责，有的是协同参与。如腾讯、网易这类公司的设计中心都设有包括用研、交互和视觉等不同职位，通过矩阵式管理，有的编制在设计中心，有的编制分配到不同项目组，根据项目需求的不同阶段来进行灵活调配。这样的好处在于对设计资源的合理分配，不同专业的设计师可以相互学习。而大多数游戏公司的项目及人数有限，游戏UI相关的交互内容由策划和UI设计师协同完成。

随着近年互联网行业迅速发展，对设计师的要求也越来越高。如阿里这样的行业巨头要求不同职能的设计师进行业务整合，且都需要具备全流程的服务设计思维。而我们游戏行业的UI设计师，UI设计在自己的设计领域对于游戏玩家都有一定的了解，随着互联网时代技术的进步，游戏领域的发展越来越深入，导致了行业边界模糊以及行业间的互相渗透与融合，曾经完善的设计思维、方法流程、工作边界再一次变得模糊与未知，设计师的知识结构也需要与更多领域的专业知识进行融会贯通。

接下来我们了解一下游戏UI的用户研究、交互设计和视觉设计师们不同的职业角色、基本认知和具体的工作内容。

1.4.1　什么是游戏用户研究

总体来说，用户研究是一个通过专业方法来研究玩家及其对产品的态度的职位，根据分析结果制订运营服务策略，使用户获得更好的游戏体验，对游戏的迭代开发和测试起到指引作用。很多产品设计都是先满足目标用户，再考虑产品品牌。而游戏UI设计要先满足游戏机制，再考虑目标用户。所以有时候一些研发团队忽视了用户需求这个问题。

从游戏产品立项开始，用户研究员一直负责搜集信息以辅助产品设计与迭代的决策。用户研究员适合协助或是站在战略专家的角度，与研发团队的每一个不同职能的人员进行谈话，尽可能地收集大家对于这款游戏的产品目标与用户需求的不同看法。

1.游戏用户研究员需要做什么

很多公司的用户研究员在做新产品研究时，首先要对比国内外相关的产品，了解它们是怎么做的，包括产品发展过程、产品设计、内容形式、目标用户以及公开的数据情况等。然后埋头研究产品设计的各个细节，最后写成PPT分享给部门同事。这些琐碎的工作需要用心理学、社会学等多方面专业性的知识去分析挖掘数据，并写成一份蕴藏丰富内涵和思考的报告。

用户研究员参与游戏开发的不同阶段的不同工作，具体如下：

（1）在Demo版本的原型阶段

针对用户特征和竞品进行研究，对美术风格和核心玩法的体验进行测试。

（2）在游戏进行量化的开发阶段

对竞品进行研究，对核心体验的迭代，以及主要系统玩法进行测试。

（3）在游戏上线前后的测试阶段

在游戏正式上线运营以后持续关注成长和生存体验、留存和流失的研究。

2.用户研究员的基本认知

游戏用户研究是一个相对细分的职业，游戏用户研究部门往往是公司内部学科背景最复杂的团队。掌握游戏发展趋势并知晓相关新闻，对于游戏用户研究员来说非常重要，因为这样他们便能够拥有更广泛的知识从而更好地理解用户的期望和反馈。

游戏用户研究员不仅要通过玩游戏获得各种相关知识，同时也要浏览诸如权威游戏开发者网站（如Gamasutra）以及一些知名外媒（如Eurogamer）等游戏网站增长见识，还要对基本的编程逻辑、设计审美等有一定的了解，因为这关系到研究结果是否值得信任。只有更好地了解游戏、了解玩家才能为项目提供更加合理的建议。

3.用户研究的基本方向

怎样认识你的目标玩家？

我们通常需要确认游戏项目主要面对人群的年龄层范围，判断该年龄层的喜好侧重点，例如初中生年龄段的玩家喜好什么？非主流的文字？色彩鲜艳？老年人群的游戏难道只能是棋牌吗？老年人群的主要侧重点又是什么？例如老年人大多视力不太好，因此字体和按钮应该比普通受众群的游戏大些等，这些都是用户研究需要关注的地方。一般网游用户研究大致分为以下几方面的内容，如图1-10所示。

· 基本信息（性别比例、年龄分布、学历、收入、游戏时间）。

· 消费习惯（游戏消费意愿、占支出比、道具消费偏好等）。

· 个性偏好（画面类型、风格、模式、收费方式等）。

· 游戏行为（游戏动机、选择标准、活动、服务器选择、现有不满之处、媒体接触情况等）。

图1-10　用户研究方向

　　游戏是比较复杂的娱乐产品，很难像一般的产品那样确定明确的质量标准。游戏产品好不好玩，对不同的人来说可能是完全不同的。手游、页游、主机游戏等，不同游戏类型的用户研究侧重点也不同。不同产品阶段和不同研究内容所采用的方法也不同，如图1-11所示。

图1-11　用户访谈现场及调查问卷

　　游戏概念挖掘前期以定性研究为主，指在小规模、精心挑选的样本中进行研究，目的是挖掘研究对象行为背后的动机、思维模式，更多解决的是"怎么想"的问题。小组座谈会、卡片分类、专家访谈等都属于定性研究的范畴。

　　上线前产品测试主要以定量研究为主，指研究人员对体验进行测量和分析，目的是检验游戏设计者对于某些理论的假设，更多解决的是"怎么做"的问题。问卷调查、A/B测试、眼动研究等都属于定量研究的范畴。

　　在游戏开发的不同时期，甚至不同的公司结构以及团队模型，用户研究所发挥的价值和面临的挑战都是完全不同的，而在游戏开发过程的不同时间节点也需要选择不同的研究方法。有时候，定量研究可以作为定性研究的验证工具，而定性研究可以作为定量研究的归因工具，最终两者结合，邀请有代表性的用户在模拟情景下进行可用性测试，从而评估游戏的功能和设计是否合理。

1.4.2　什么是游戏交互设计

交互设计负责游戏系统整体的逻辑关系、界面的布局结构和操作流程，便于玩家愉悦地体验游戏。它影响玩家最终体验的好坏，以及视觉设计接手后结果的优劣，所以交互设计的能力直接影响着游戏UI的整体体验。除了与其他产品的交互规律和基本原则相通之外，游戏交互设计会更注重玩家的趣味体验，塑造玩家的心流体验。

随着技术的发展，由于输入、输出的形式途径是多种多样的，因此交互的方式也是多样化的。从最初需要专业训练的命令语言用户界面，到用户只需确认的图形用户界面，又到引入动态和音频等多媒体资源的用户界面，再到通过整合来自多个通道捕捉用户意图的多通道用户界面，以及未来的虚拟现实技术。交互的媒介从软件界面、键盘、鼠标扩展到视线、语言、手势、动作等，交互发展的趋势体现了对人的因素的不断重视。

1.游戏交互设计师需要做什么

作为一名游戏交互设计师，其根本任务是寻找目标用户并发掘用户的交互需求、元素的辨识和使用元素的交互逻辑，以达到让玩家真正地沉浸在游戏中的目的。这不仅需要游戏交互设计师具备凭空想象复杂行为的能力和体验用户需求的分析能力，而且要能够在代码被写出来之前想象其功能的逻辑和细节，并准确地表达出来。此外，还要掌握玩家的心理和游戏设计的规律及特性。

交互设计师在游戏研发的不同阶段的针对性工作主要包括：

（1）在Demo版本的原型阶段

根据游戏核心玩法设计主任务流程，并规划各任务与主界面之间的关系。

（2）在游戏进行量化的开发阶段

确定各系统界面的目标与重点，理清各界面需求的具体内容、功能和动态事件。

与视觉设计师沟通关于情景化设计的方向，建立UI交互及视觉的标准规范。

（3）在游戏上线前后的测试阶段

根据用户反馈和专业性分析对交互进行迭代设计。在工作中，交互设计师除了基本的工作以外，还需要不断地跟进设计方案。

2. 交互设计师的基本认知

游戏交互设计师首先要理解游戏，至少可以是半个策划。如果想做游戏交互设计师首先要广泛和深入地玩游戏。简单地说，先广泛了解不同类型游戏的特点，再深入地玩某一款游戏可以对游戏的不同系统以及之间的联系进行深入的理解和分析。

游戏交互设计师从已有的心理学原理和定律中吸取经验，形成交互设计中的基础理论。我们需要了解向玩家传达哪些信息，需要突出哪些内容，玩家需要哪些帮助，根据项目功能需求也就是策划文案，分析用户使用环境和不同平台的特性，最终与团队确认产品功能的实际目标的表现形式。不能过度理论化，要通过交互设计让玩家能够提起互动娱乐的兴趣。

世界上最优秀的电脑游戏开发商——暴雪（Blizzard Entertainment）的副总裁比尔·鲍珀（Bill Poper）曾说过："易于上手，难于精通。"我们认为它概括了游戏制作的基本原则。易于上手，即考虑玩家与游戏的交互性。对于游戏交互设计师而言，让玩家尽快地进入游戏角色是首要目标。交互设计应该让玩家更容易地理解和接受游戏，让游戏及其界面尽可能地符合玩家的直觉。

3. 交互设计的基本流程

游戏交互设计的基本流程是分析、规划、绘制和说明，如图1-12所示。

图1-12 交互设计的流程

首先，要理解游戏的定位，对系统需求及用户需求和使用场景进行分析，如游戏是什么类型，未来预计会有多少系统扩展，同类游戏的现状、风格设定和市场表现等，做好资料收集和分析工作。

其次，根据需求的内容确定模块的分类、界面的尺寸和内容数量；需要对整个流程中的每个界面进行规划；研究玩家关注点和核心需求，梳理其重要程度、逻辑关系和使用频率，然后绘制并输出设计方案。

最后，思考相互关联的操作和联动的因素，验证用户接受程度并进一步优化按实际需求进行迭代，确定最终交互方案及补充说明。

优秀的交互文档不仅应该界面美观，而且应该视觉逻辑清晰。虽不提倡在交互稿中使用过多的颜色干扰视觉设计师的发挥，但是我们可利用深浅对比实现界面元素的操作逻辑，展示给用户的界面都应该有重点，引导用户以期望的路径使用产品，如图1-13所示。好的文档可以使视觉设计师迅速读懂你的意思，节省了很多沟通成本。

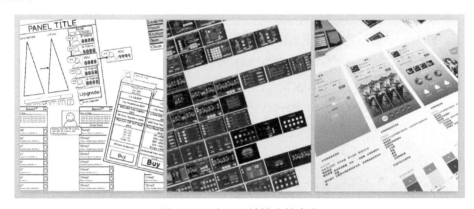

图1-13　交互设计输出的内容

游戏交互设计不仅要解决用户体验的问题，还要在制作人与用户之间寻找平衡点。做好游戏交互设计还需要衔接好原画、模型、音效、动效、程序、测试各个环节。因为想让设计有效落地，不仅要让老板接受，而且要把游戏交互体验包含在内的各个环节都协调好。

1.4.3　什么是游戏视觉设计

游戏UI的视觉设计不是单纯的平面设计或是美术绘画，它不仅强调视觉感受，更强调信息传达。游戏UI的视觉设计部分不仅需要很强的设计感，对游戏美术风格和各种装饰艺术有所了解，还需要在绘制上精确到像素级别，更需要工匠精神，而非个性艺术的挥洒。

游戏视觉设计需要定位用户、环境、行为，为游戏玩家而设计。它是以科学为导向的视觉传达设计，图形界面设计只是其中的一部分，因此称为视觉设计更为贴切。视觉设计师是近几年游戏UI设计中最大的一个发展类别，也是一个游戏体验团队中人数最多的一类。

1.游戏视觉设计师需要做什么

游戏UI的视觉设计是游戏画面的重要组成部分，是玩家进入游戏最先看到的画面，往往给玩家留下第一印象。视觉设计师运用视觉传达理念，在满足游戏功能的基础上用图形界面吸引玩家参与游戏，引导玩家进入一个虚拟的游戏世界。游戏UI的视觉设计好比游戏的产品包装，可以起到很好的宣传效果。

视觉设计师在游戏研发的不同阶段的针对性工作分别如下：

（1）在Demo版本的原型阶段

游戏UI风格的概念设计，核心玩法的功能开发。

（2）在游戏进行量化的开发阶段

通用功能、核心玩法等主要系统及游戏图标资源的设计制作。

（3）在游戏上线前后的测试阶段

运营充值系统的设计制作及推广物料的支持，视觉品质细节的不断打磨。

2. 视觉设计师的基本认知

从大方面来讲，游戏UI的视觉设计由静态和动态两部分组成，分别由视觉设计师和动态设计师完成。静态界面更注重图形的构图、颜色和质感；而动态设计则主要为动画表现与交互式隐喻。当然一套优秀的游戏UI设计需要做到两者兼优。

从艺术设计的角度来看，游戏UI视觉设计师将游戏产品的理念通过视觉的各种表现手段传达给玩家。在研发过程中，遵循功能性和艺术性相结合的设计原则，最终实现游戏产品的价值，这是游戏视觉设计的追求。

在游戏UI设计的过程中，交互设计师制作出基本的原型，视觉设计师根据自己的工作进度选择性地参与拆解会议，并提出相关的建议。视觉设计师需要充分地理解交互设计的整体思想，搞清楚这个系统为什么这样布局，玩家操作的顺序是怎样的，理解产品的整体美术风格定位和方向，从原画的盔甲、布纹、武器、建筑、物件中可以提取出大量的元素用于视觉设计师的设计，特别是体现项目世界观的主要角色、建筑或物件等。这些元素的提取和应用，有利于玩家在认同游戏后产生更深的代入感。

3. 视觉设计的基本流程

游戏视觉设计的基本流程依次是分析、概念、绘制和输出，如图1-14所示。

图1-14 视觉设计的流程

首先，搞清楚游戏是什么类型，同类的游戏风格设定是怎样的，做资料收集和分析。通过对竞品和资料的分析可以更加快速地理解需求方的审美和诉求，通过对关键词的分析提炼可用的视觉风格元素，寻找并收集能产生情感共鸣的素材。

其次，通过视觉拼图、风格草图来和项目需求方确定概念的准确方向。当搞清楚视觉重点和技术上的限制后，就可以设计界面、控件、图标等，一步步完成绘制和输出。

最后，对界面内元素的视觉层级进行反复验证，与需求方沟通并按实际需求进行最终调整，确定最终效果图之后，切图输出给前端工程师进行开发。

做方案草图不一定全部依赖计算机，在纸上使用简洁的线条表达，这是设计师与其他人交流的一种手段。设计师要理解需求方未必了解艺术专业术语，通过放松的聊天方式，让需求方不断透露出自己对产品的定位，尽量避免使用专业词语，而是根据自己收集的资料，通过编故事来加强需求方对描述内容的感知，更有利于说服需求方。因此通过草图和故事板的方法，可以更容易地使需求方理解你的创意并在项目中促进创意落地，如图1-15所示。

图1-15 视觉设计输出的内容

无论团队是否有交互设计这个岗位，设计师都应该把信息结构的有效性验证和合理的视觉语言呈现作为自己的工作职责。而游戏的视觉风格和品质，是其中一个阶段的工作内容，应该和产品的整体风格定位、主打的目标用户群的审美喜好结合起来看。

1.5 游戏UI在研发不同阶段的工作重点

游戏UI设计师在项目研发中的不同阶段，可以根据不同的团队调整不同的工作重点。在大型游戏研发团队的工作中，游戏UI设计师在游戏研发中的立项阶段、概念阶段、量产阶段、内测阶段、公测阶段皆有不同的工作内容，如图1-16所示。

图1-16 大型游戏研发团队各阶段UI工作的重点

1.立项阶段

立项阶段包括以下内容。

· 信息的收集分析。

- 游戏画面概念图。
- UI视觉风格探索。
- 产品用户CE分析。

我们首先要通过多种方法来分析需求，深入理解需求，了解我们所做的是一个怎样的游戏产品，面对的玩家是怎样的一个群体，具体的功能内容有哪些。

2.概念阶段

概念阶段包括以下内容。

- 核心系统交互框架。
- Demo版本开发支持。
- 可用性和A/B测试。

进入概念阶段才开始进行初步的设计构思和规划。首先，在草图上勾画大的交互框架，梳理每一个页面的信息结构。然后，与项目相关人员进行多方面沟通，没有问题后再将设计方案通过专业软件呈现出来。视觉设计师可以出一些概念性的视觉风格稿。

3.量产阶段

量产阶段包括以下内容。

- 视觉风格的确定。
- 基础系统功能设计。
- 玩法系统功能设计。
- 剧情引导界面设计。
- 游戏图标资源设计。

经过评审阶段后进入量产开发阶段，视觉设计师根据交互原型和设计规范，对视觉风格的设计进行更深入的探索，并思考如何更好地将方案呈现出来。

4.内测阶段

内测阶段包括以下内容。

- 优化迭代资源的替换。
- 对资源进行查漏补缺。
- 根据反馈优化体验。

新一版迭代的UI方案进行替换，这一阶段交互设计师需要跟进后续的视觉、前端、测试等各个环节，保证设计效果的最终实现能够和设计方案保持一致。在不同的研发阶段，随时收集小的问题并在下一版本进行统一的优化迭代。

5.公测阶段

公测阶段包括以下内容。

- 后续版本需求设计。
- 品质不断细化打磨。
- 内外推广支持等。

公测后在继续跟进大批系统需求的同时，UI也需要不断地打磨细节，并且运营方面也需要大量的物料来支持推广。

1.6 游戏UI在项目中的工作流程

前面介绍了游戏UI在游戏研发每个阶段的工作重点，具体而言，每个项目需求的工作流程包括设计分析、设计定位、设计执行、设计跟进和设计验收。图1-17为游戏UI参与项目的工作流程。

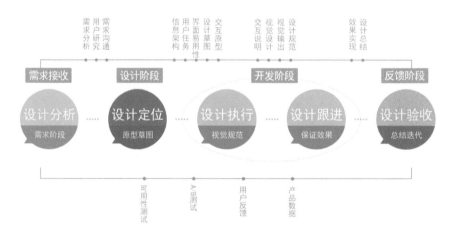

图1-17 游戏UI参与项目的工作流程

当接到需求后首先进行设计分析，其中包括看文档了解需求，并通过对用户的研究与需求方进行反复的沟通交流，以确保充分理解需求；当明确设计定位之后，进一步梳理系统的信息架构、明确用户任务并考虑界面的易用性，通过草图和需求方确定最终的界面原型图和视觉拼图；在设计执行和设计跟进阶段，输出准确的视觉效果图和设计规范，并和程序沟通切图文件的效果实现；设计验收阶段需要在游戏中体验实际的效果，并进行问题整理和总结，为后续迭代做好准备。

在实际的工作中，设计师为了达到这些设计目标，不仅需要有理性的思考和创造力，还要在项目中学会团队协作。不少知名的游戏公司在团队管理中都有一套自己的设计流程。虽然每个团队、每家公司或多或少有自己不同的行事风格，但是工作流程和方法大同小异。设计师既可以是其中的一个环节，也可以贯穿整个流程。

1.7　视觉设计前的准备工作

视觉设计前的准备工作帮助我们更好地进行产品的设计方向定位，避免做无效设计，同时能为我们在方案选择和决策时提供判断依据，也可以进一步验证我们在设计准备阶段向自己提出的问题和假设是否成立。

1.用户需求和使用场景分析

游戏UI需要了解哪些用户群体正在玩和可能会玩这种类型的游戏，如图1-18所示。我们可以去贴吧或者论坛发帖调查，加入一些QQ群进行讨论，还可以去参考百度指数这类数据平台，对用户群体的年龄范围、地区分布、职业和学历等进行用户画像。根据用户访谈和信息采集了解用户审美取向及色彩喜好，为视觉设计提供参考方向。

图1-18　游戏UI需要了解的用户研究

2.对同类型产品的内容进行分析

网上收集同类型游戏，下载并安装试用，分析这些游戏的操作方式，并将使用过程中遇到的问题进行记录。将每个游戏的界面进行截图保存，对比这些同类型产品之间的差异性，为交互和视觉设计提供可研究的资料。

图1-19为MOBA手游竞品分析的一部分，对MOBA手游的几款产品从UI的色调及主界面交互布局等角度进行对比。如果需要更加细致的对比，那么可以从美术风格、信息架构、玩法设计及运营推广等方向，分析不同游戏的特色和问题。然后进行用户访谈，整理故事板，向项目关键人员提出对用户痛点和设计目标的看法，并得出他们对这些竞品的整体评价。在得到了诸如哪些地方符合产品感觉方向，哪些地方有所欠缺，与我们的产品方向相违背，这些问题的反馈之后，我们能更多地了解项目关键人员对产品的想法和审美喜好，也能更准确地获取他们所期望的产品气质。

图1-19　同类型游戏竞品分析

3.对流程和界面内容进行规划

原型设计之前先分析下主任务流程和规划任务之间的关联方式。确认界面的重要功能可以初步规划界面的布局结构。有时候我们接到的需求内容可能是比较零散的，通过对重要功能的梳理，逐一规划主界面及任务之间的关系，从而规划界面上需要的内容、功能和动态事件，如图1-20所示。

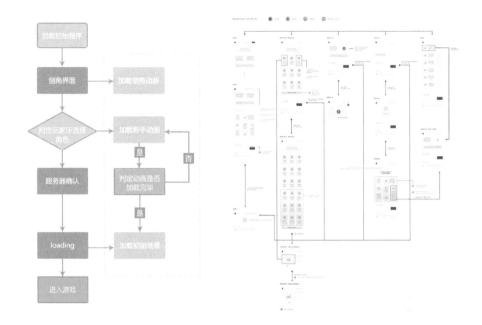

图1-20 任务流程图和页面流程图

4.确认各个场景界面的重点

在设计中我们常常会产生一些困惑，这么多信息内容该怎么组织，哪些是内容的重点。首先我们要和项目相关人员讨论，每一个需求的目标重点是什么。

当然有时候需求文档也会列出优先级，但是需求方总是希望表现能够更突出、更抢眼，一些空间留白会让他们感觉不够"饱满"。然而没有人愿意花费时间去找东西，玩家只会找他们关注的内容。一个界面如果太多功能和重点，会让玩家不知所措。

画好整个产品的主框架，反复与团队成员讨论，当确定没有偏离方向、没有误解功能逻辑，再继续完成次级界面的原型设计，图1-21梳理了各场景的任务重点。

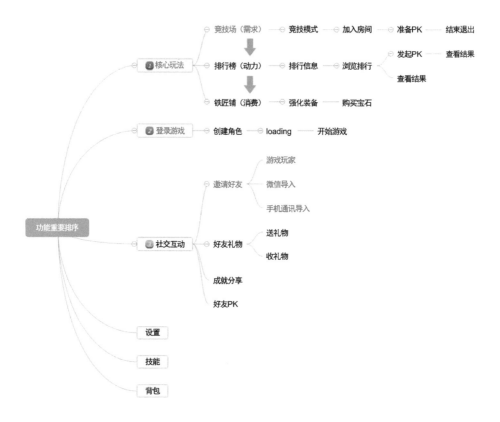

图1-21 梳理各场景的任务重点

5.讨论界面的实现方法

通常交互设计师做出原始的线框图的时候，大家都觉得内容很清晰，没什么问题，而一旦视觉设计师做出了最终效果图后往往反应强烈。从这一点可以看出，一方面添加了色彩和质感等诸多元素后，内容会受到更多干扰；另一方面最终实现的效果很容易启发大家的新想法。所以交互设计师画出线框图的时候，与视觉设计师进行更多讨论，更容易在早期就将界面上存在的问题找出来。另外，有些时候也需要与开发人员讨论效果图的可实现性，以免变成无效的设计，如图1-22所示。

图1-22 讨论界面实现方案草图

1.8 小结

本章介绍了游戏UI的发展简史，游戏UI设计和其他UI设计的区别及画面对比，怎样才算是好的游戏UI，游戏UI的职业角色，游戏UI在研发不同阶段的工作重点，以及游戏UI的具体工作流程。交互设计和用户研究所做的工作是重要但不被玩家所见的，而视觉设计直接通过视觉表现呈现在玩家面前。交互设计师心中要有视觉形象，视觉设计师头脑中要有流程和架构，用户研究员负责让两者保持产品整体形象的延续，这些方面融合在一起才能搭建起完美的用户体验。越是资深的设计师越要扩充自己的知识体系。三位一体的游戏UI设计是个不断提高和增值的过程。

第2章

游戏UI的基础知识

游戏UI是玩家进入游戏最先看到的画面，尤其是对一些页游和手游来说，很多游戏是在界面中进行操作的，所以具有审美性的游戏UI对玩家更具有吸引力。

想真正做好游戏UI设计是一件需要大量思考的事情，需要有一个庞大的知识体系，这个体系，由一定的美学、哲学、社会学、计算机技术、设计学、心理学等多门学科知识构成。而这样一个体系的任何一个部分的知识都需要紧密的连接和灵活的运用。对每部分理解程度的不同，都会影响对其他部分的认知深度。

很多优秀的游戏UI设计师在研发实践中不断摸索并学习其他行业的知识，逐渐拓展和细化了知识体系。这个过程需要极大的耐心和逻辑思维能力、沟通能力、执行能力、深度思考能力等，只有这样游戏UI设计师才能在一个项目的研发环节中起到承上启下的作用。

2.1 游戏UI的专业知识

国内外大型游戏研发公司之所以持续不断地创造精品，是因为他们拥有非常丰厚的理论积累，团队成员的能力模型也非常多样。有熟悉引擎、了解编程又懂UX原理的高级交互设计师；有熟悉各种游戏玩法并能深刻洞察玩家心理的高级用户调研员；也有有着深厚的设计理论与娴熟的设计技巧，同时善于捕捉流行趋势的高级视觉设计师。

无论你是交互设计师还是视觉设计师，都需要具备游戏相关的专业素养，才能有思想去支持创新，才能有方向反复打磨产品的交互逻辑和呈现方式。

游戏UI设计师需要如此庞大的知识做支撑，而游戏UI设计要掌握的最基础的技能有哪些呢？

在游戏UI设计的过程中，怎样的知识结构才能支撑游戏UI设计呢？

作为一名游戏UI设计师，首先要了解游戏UI设计的方法论，并加以实践应用。清华大学教授柳冠中在他的著作《设计方法论》中提到：

在以往传统观念的认知态度下，设计通常被认为是经验性的，不容易被传授的。而商业科技高速发展的当今，设计以一门学科的角度被理解，设计是可以通过分析、研究、推理等方法解决问题的。设计方法论就是可以被选择应用的方法，研究设计方法论的目的是为了引领我们认识设计的观念方法，构建新事物的概念方法，以形成一个完整的认知结构体系。

通常工作中各种需求交织在一起产生各种矛盾和问题，设计师需要通过灵活运用经验技巧，总结规律，以沉淀出的方法论来完成实践应用。从设计师观察问题、分析问题、归纳问题到联想创造的全过程都是为了解决问题，通过明确的目标定位进行组织整合，最终形成有效的设计方案。而形成有效的设计方法论，需要设计师具有一定的审美基础和设计知识。

2.1.1 设计审美的基础

对审美的理解和喜好直接影响着设计师素质和作品的高度，也是设计师有别于策划、程序最显著的特征，而审美的高度最终也影响着设计结果的高度。审美源于我们的生活体验和艺术实践，所以是可以根据设计师的热情不断培养和提高的。

游戏UI设计师必须具备的审美素质包括：图形构成、色彩构成、质感肌理、字体设计、版式设计、空间透视，无论是设计图标还是界面内容的排布以及具有创意的造型设计都离不开这些基础的设计理论知识。

1. 图形构成

图形构成可以说是平面构成的一部分，点、线、面构成所有的图形，点连接成线，线连接成面，面与面之间连接形成体。构成属于近现代造型概念的要素，是指将不同或相同形态的元素组合成新的多种可能的形态。它综合了现代物理学、光学、数学、心理学、美学等诸多领域的理念，其构成形式主要有重复、近似、渐变、变异、对比、集结、发射、特异、空间与矛盾空间、分割、肌理等。

图标和文字等元素在游戏界面中不仅发挥着装饰性作用，还有信息传达的功能，如图2-1所示。格式塔原理中很多原则都是在研究人们的意识和行为，也解释了人们如何以视觉的方式感觉所看到的图像并进行加工理解。人们倾向于通过过往的经验，把物体进行归类和整合。因此即使不同形态但大小相同的信息组合，虽然有一定区别，但是不会强调也不弱化信息。设计师可以通过这些原则来传达功能和目的。

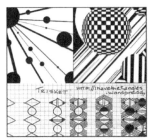

图2-1 图形的构成

　　在相似原则的例子中，导航图标虽然分为不同的图形，但由于它们在颜色、大小和排列上的相似，用户会默认它们是同一级别的导航功能。在闭合原则的例子中，声音/画面特效的外框，即使是没有全部连接，我们看到的也是一个整体。在接近原则的例子中，角色相关的信息组织得更紧密，而其他的提示文字与其拉开一定的距离，我们能直观地感觉到这两部分是没有联系的。在连续原则的例子中，当鼠标停留在某个段落时，通过矩形条将信息统一起来，可以有效地提高易读性。合理运用这些原则，可以帮助我们传达丰富的信息及划分层次，如图2-2所示。

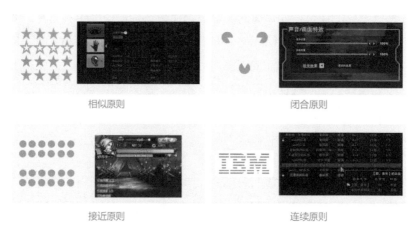

图2-2　格式塔原理的应用

　　当人们看到差异较大的图形关系时会本能地产生紧张的反应，并且会关注其中最大的那个。这是人类在漫长的自然进化中，面对危险而形成的印记。对比原则界定了视觉元素在界面中的基本层次关系，如界面中更大的文字或图形首先受到关注，而对比越明显重要性越高。在图2-3中，人们更容易将视觉注意到大的圆形上，通过这样的对比，给用户一个更明确的导向。

图2-3　对比原则的应用

　　除了传达信息和功能，图形所带来的诸多抽象的感觉还可以传达情感。对于每个人不同的童年回忆、情感经历、文化修养、包括近期的体验，以及不同的价值观都会造成理解不同的情况。简单的形状往往比复杂的形状更容易被人们的视觉注意和理解。

　　图2-4中最基本的形状有正方形、圆形和三角形，它们在人的潜意识中分别对应不同的含义。当希望传达强烈的情绪时，可以更多地使用方形；当希望传达安全的、可爱的情绪时，可以更多地使用圆形；当希望传达紧张的、危险的情绪时，可以更多地使用三角形。无论是绘画艺术还是界面设计，元素极少是单一的存在，通常以组合的形态存在。当我们希望用户感受某种内容，可以通过不同比例组合成相对明确的图形语言，去展现想要传达的感受。

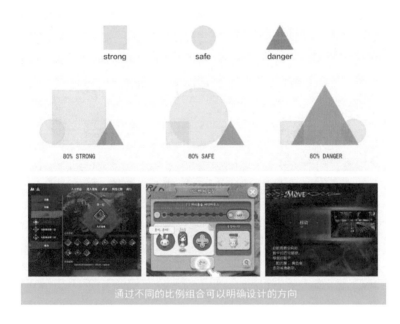

图2-4　通过不同比例的组合明确设计方向

2. 色彩构成

　　色彩构成是通过人对色彩的感知，用科学的分析方法把复杂的色彩现象，按照一定的规律组合创造出新的效果的过程。色彩构成是不能脱离平面构成及立体构成的形体、空间、面积和肌理等独立存在的。游戏UI界面中处理文字、按钮及背景之间的关系离不开对色彩构成的理解，不同题材风格的游戏需要不同的色彩构成。游戏界面中丰富的色彩不仅是为了好看，更多是从功能出发，为功能而服务的，如图

2-5所示。

图2-5　色彩的构成

关于色彩与形体方面的研究，视觉器官随时间变化的分布结果指出，20秒内，人的80%的注意力在色彩上，20%的注意力在形体上；2分钟后，人的60%的注意力在色彩上，40%的注意力在形体上；5分钟后，人在色彩和形体上的注意力各占50%，如图2-6所示。也就是说，当玩家进入游戏之后，第一印象可能不是游戏的内容，也不是界面布局，而是游戏缤纷的色彩、绚丽的效果所给人的整体感受。恰恰是游戏界面色彩这种经常呈现给玩家的视觉体验，影响了玩家整体的感受。

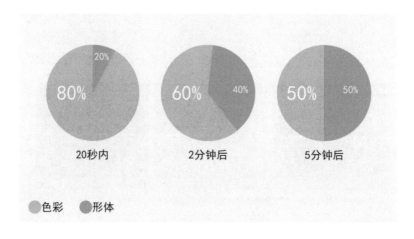

图2-6　视觉器官随时间变化分布

心理学家认为大脑视觉区域会自动区分，并将主要注意力集中到更为突出的部分，默认其作为主体，而其他内容都是衬托主体的背景。这一图形/背景关系的法则告诉我们，界面中的内容，要么是主体，要么是背景。主体相对于背景，轮廓较为完整、色彩较为艳丽。因而一些游戏场景通过颜色的明暗来暗示玩家可行走的区域、可攻击的对象。而游戏UI也可以通过这种手法，自然地引导玩家浏览并进行交互操作。

　　游戏UI界面选择色彩的区间可以根据游戏的角色、场景来确定，如图2-7所示。用色数量避免多而杂，尽可能不超过三种，并将颜色按主色调、辅助色等做好区分。而在选择色彩本身的内在含义时，主要依靠色彩对人类的心理暗示作用，如游戏想通过界面来传达的感受，是柔和的还是强烈的，是女性的还是男性的。

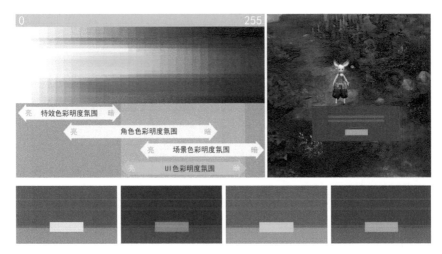

UI的主色调、辅助色和强调色

图2-7　游戏UI选择色彩的区间

3. 体和质感

质感在视觉设计中是指对物体的真实感的视觉表现。人们感知事物的实际属性，主要在于人们是如何理解该事物的，如闪耀的水晶质感和粗糙的石壁感给人不同的想象。体和质感可以更加直观和亲切地与人们的记忆和情感建立联系。

前面色彩构成部分有提到图形/背景关系的法则，而同样的道理，人们认为更为立体的可能是主体，而相对模糊和弱化的是背景。当一个按钮带有立体感且突出于纸质单薄的界面时，用户可以直观地知道这是可以点击的控件，如图2-8所示。

图2-8　体和质感

通过A、B、C、D四组按钮的对比，可以很明显地看出，当同一画面中添加厚度、阴影和装饰的按钮时，因为逐渐增强的体和质感，让其比原始状态突出，如图2-9所示。这种主体与背景的心理印象在游戏场景中也很常见，相对更立体、质感更突出的物件，有可能是可操作、可交互的。

图2-9 体和质感的影响

4. 字体设计

字体设计作为视觉画面的要素之一，不仅具有传达信息的功能，还具有传达情感的作用。字体设计的根本目的是为了更有效地传达信息，字形结构必须要清晰，不能单纯地追求视觉效果而放弃最基本的目的。协调文字笔画之间、字与字之间的关系，强调其节奏和韵律可以创造出富有感染力的设计。游戏UI中Logo、活动Banner、反馈提示等很多地方都离不开字体设计。在图2-10中，内容需要传达紧迫感，字体根据这一需要进行了变形和扭曲，目的为了感染用户的情绪。

图2-10 字体设计

5. 版式设计

版式设计是现代艺术设计视觉传达的重要手段，它是应用图形、文字、色彩等视觉传达要素，进行有机的排列组合的过程。它不仅是一种设计技能，更实现了将理性思维和情感化高度结合的视觉传达方式，在传达信息的同时，给人感官上的审美体验。游戏UI中的多种界面类型需要不同的版式设计，有纯文字版式的、有文字与图形混排的，也有以创意图形为主的版式设计。对版式设计理解的深入，有助于提供个性化处理不同需求所需要的表现形式。良好的版式设计让信息看起来更直观，并且给人以审美体验，如图2-11所示。

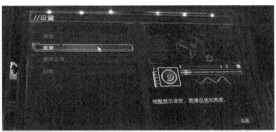

图2-11　版式设计

6. 空间透视

空间透视属于绘画理论术语，是把三维空间的形象通过其在空间上的关系，真实还原在二维平面上的绘画方法，使观看者可以感受到平面中的画作具有的真实立体感，就如同通过一个透明玻璃平面看立体的景物。空间透视最基本的规律就是近大远小和近实远虚。当设计类似具有情景化的界面需求时，为了让画面增加真实感，还需要考虑光线照射方向和对阴影比例的控制。一些画面由于这些虚实关系处理得当，产生了层次感、景深感和空气感。如图2-12所示，为了让界面中的内容更符合想象，空间透视法让星球真实地存在于宇宙空间中，给玩家很强的代入感。

图2-12　空间透视

在视觉传达设计中，任何一种形式都需要从组织的角度去看问题。我们的知觉、记忆和思维，很大程度是以视觉作为组织、加工和存储的。视觉元素之间相互作用，决定了人们先看到什么，后看到什么，所以有必要去了解基本的视知觉规律。通过视知觉心理学原理，可以减少工作中的主观臆断，将内容信息按一定的秩序和规律进行合理的安排，让界面信息更加清晰明了。

如图2-13所示，一般情况下视知觉的感知由强到弱，整个屏幕元素顺序是先动态后静态、先图片后文字、先大块后小块、先中间后两边；界面窗口内顺序是有色无色、有框无框、距离远近和有无分割。我们运用视觉原则来引导用户的注视顺序，达到通过视觉设计来服务和强化交互功能的目的。通过合理地运用视觉语言来帮助人们解决逻辑问题，可以提高用户浏览较复杂信息的能力。

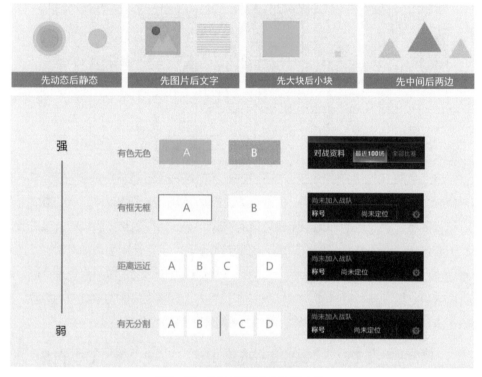

图2-13　视知觉组织的强度变化

2.1.2　设计制作工具

从大方面来讲，游戏UI设计师需要掌握的工具包括以下几个方面。

游戏UI交互设计主要由Visio、Axure、XMind和Mindmanager 等多样化工具来完成。其中，Axure可以快速调出需要的控件、基本元素、窗口等进行交互原型制作，也可制作交互动画，更清晰地展示原型的流程。图2-14展示了几种常用的交互设计软件。

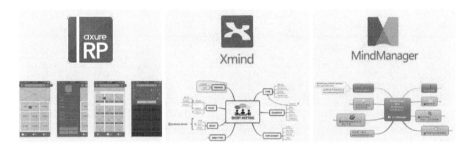

图2-14 交互设计软件

游戏UI视觉设计主要由Photoshop和Illustrator软件来完成，也有人喜欢用Fireworks绘制图标及压缩文件。其中动态界面设计则主要用After Effects和Flash来完成，如图2-15所示。前者注重色彩、图形和质感，后者注重动画表现与交互式隐喻。另外Mac系统中的Sketch，因其矢量功能、标注功能、UI KIT控件库，以及高效简洁等优点也受到欢迎。

图2-15 视觉设计软件

将设计工作最终进行设计评审的时候，可以用PPT帮助你快速地阐述概念。

2.1.3 设计输出方法

界面设计完成之后，设计师需要做最后的输出工作，即切图和标注。使用一般绘制界面的软件就可以完成切图工作。有的设计师喜欢用MarkMan来完成标注工作。

1. 切图和压缩

游戏UI通常使用图片格式TGA（32位通道）、BMP、PNG（24位通道），最终输出还要对图片进行压缩，因为整个游戏需要的图片量是非常大的，图片占用大量的存储空间，会减缓整个游戏的加载速度，影响游戏性能的稳定。

压缩图片的工具有Photoshop、PNGGauntlet、Assistor PS，如图2-16所示。

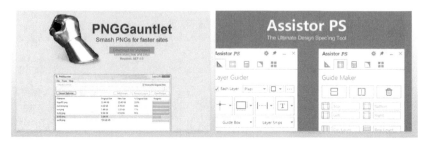

图2-16　压缩图片的工具

　　每个设计师的切图习惯和方法都有所不同，很难评价哪一种更好。不过不同的切图方法针对不同类型的图片来说，却有效率的不同。早期很多游戏UI设计师从网页设计师转行过来，因此他们习惯于网页Web格式的切图及压缩文件，如图2-17所示。

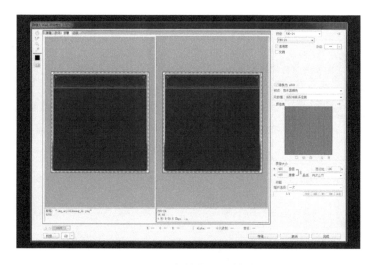

图2-17　存储为Web格式

2. 标注和管理

　　游戏UI设计师的工作离不开将设计稿根据程序开发原理切图及输出资源，并不是切图完工作就完成了，还需要帮助开发人员了解设计的细节规范和文件所放的位置，也就是文件标注和文件管理。

　　做文件标注首先需要了解工程师的开发逻辑。工程师一般的开发步骤：先搭建整体的架构布局再将内容分块，然后完善界面各区域的内容，最后进行视觉精细化的调整。因而先标注框体的长宽尺寸、模块的尺寸、模块与模块的间距，然后标注字体和颜色值。

文件标注中的数值，可以让前端工程师更加直观地理解界面中设计元素的具体位置和距离、文字大小和颜色等。这部分工作不仅可以保证最后环节工程师对界面效果的还原度，还可以降低沟通成本，提高开发效率，如图2-18所示。

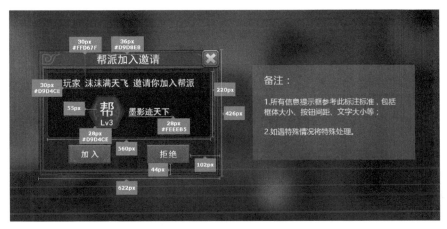

图2-18 文件标注

由于成员的组成及历史遗留原因，每个研发团队都会有不同的文件管理方式。事先做好团队成员之间的沟通，统一文件命名及输出标准，养成良好的文件图层、原始文件、切图文件的资源管理习惯，不仅方便自己，同时有利于他人查看和调用，如图2-19所示。

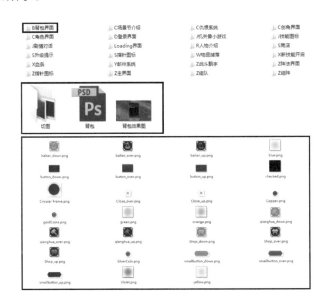

图2-19 文件管理

2.1.4　设计知识管理

什么是设计知识？

从字面意思来看，设计知识可以是设计实践中的认知和经验。它包括常识、方法、思维、资源等。这其中有一些设计结论和方法是相对固定不具备拓展性的，如黄金分割定理等。而有些理论和思维是灵活的知识，可以根据自己的需求灵活适应当下，如极简主义、栅格设计等。

为什么要对知识进行管理？

设计师源源不断的创意内容不是单凭冥思苦想得来的，这需要设计师对设计知识长年累月的积累。设计知识的管理，可以帮助设计师建立属于自己的知识结构，并形成一套有效的设计方法论。设计知识的管理，可以提高设计师搜索、调用、分析和解决问题的能力和效率。在不知不觉中就具备了解决问题的能力，也为孵化创意提供了丰富的土壤。

互联网让人们进入了读图时代，浏览是无时无刻不在的。通过图片浏览的结果，我们可以获知不同领域对相同事物的不同命名方式，可以获知更多可以运用的关键词和线索。我们可以从知乎、果壳、豆瓣看到非常多的优秀评论和观点，也可以从名人博客、团队博客了解到更多的设计方法、设计思维，以及设计趋势的资源信息。图2-20是游戏UI设计相关资料库。

图2-20　游戏UI设计相关资料库

除了自己在电脑上建立游戏图标、游戏界面、游戏网站、游戏Banner、电影海报等图片文件资料库以外，还可以从花瓣（如图2-21所示）、pinterest等图片社交网站收集资料。这样既可以跨界吸收不同的文化和思想，同时也有利于观察别人的思考角度、交流学习。

图2-21　花瓣收集形式

除了收集游戏UI相关的UX理论等资料，我们还可以收集建筑设计、工业设计、环境艺术、装饰设计、首饰设计、服饰设计、纹身设计等的资料，建筑设计的结构、工业设计的造型，以及各种装饰艺术都会给游戏UI设计师带来意想不到的灵感。

除了从网络上收集图片外，还可以通过参观博物馆、展览馆，购买图书，外出采风等形式建立自己的私人资料库，如图2-22所示。

图2-22　多种参考资料

并不是我们把信息图片收集起来就大功告成了。收集信息后要进行整理，这个环节决定了你对信息的使用程度。当我们看到一张令人惊艳的图片时，习惯性地将其保存在我们的资料库中，但是如果大脑不去思考设计者为什么要这样设计和采用了什么方法，那么我们就不能有效地记录这个图片的信息。我们从某种渠道接收到一些碎片的词汇，并不代表我们就懂得如何应用。我们要养成查阅更多相关资料的习惯，从书籍中更全面地去掌握这些知识。

做设计的时候不断地运用这些设计知识，通过灵活地组合运用产生一个又一个创意。当积累到一定程度时，设计师的各种设计思维就会逐渐完善，做出更具有创意的设计。设计思维离不开设计知识的滋养，在成长的过程中思维和方法相互依存。设计技能的原则、方法和软件的使用只是设计师能力的冰山一角，让我们在设计道路上走得更远的还是设计思维、素养和对设计的兴趣。

如何提高审美和对事物的把控能力？

首先要做的是看，对专业资料的收集和整理是一个长期坚持的过程。因为不断地学习和实践才能够获得思维能力的增强。人脑对某类信息储存得越多，相关的思维能力就越强。

其次要做的是摹，也就是多模仿，模仿是很好的学习方法，也是高等生命的共同特征。从优秀的作品里面寻找审美的共性，设计变化的方法和规律，长此以往，设计师才能逐步培养起自己对设计的感觉。

除了看和摹之外，还需要自我分析和总结。设计师要学会不带明显个人喜好和局限性地来看，以及从反思的角度来辩证地看。善于利用基础原理来分析设计作品的优点和缺点，整理并沉淀设计过程的思路，才能取其精华去其糟粕，提高审美和对事物的把控能力。

2.2　游戏UI的基础模块

当我们确定设计需求开始绘制原型图时，我们面临如何将信息通过最优的方式实现。将大型网游的UI内容结构进行分解，其中基础交互模块可分为导航模式、内容展示、基础控件三大部分。导航模式是玩家获取内容的快速途径，内容展示关系着玩家对游戏内容的理解，基础控件直接引导着玩家进行选择操作。

2.2.1　导航模式

导航模式是交互体验的基础，也是UI体验的关键部分。设计师要在保证其结构合乎逻辑的同时解决系统的平衡性、用户习惯和使用场景等多方面问题。

1.菜单式导航

菜单式导航通过一次点击弹出悬浮形式的功能菜单，可通过再次点击收起。游戏活动系统的入口和雷达/地图等常用到；一些界面中选项部分也会出现下拉式菜单，可通过点击屏幕其他区域使其收起。菜单式导航更少地占据画面，与游戏场景的融合性优于其他形式，如图2-23所示。

图2-23　菜单式导航的原型和案例

2.标签式导航

标签式导航在游戏中常配有图标，通常位于屏幕边缘的固定区域。它可以让玩家直观地了解核心的系统功能，适用于多个主要且重要程度相似的内容体系。它的缺点是会占用一定的空间高度，因而适用于高频操作的内容，如图2-24所示。

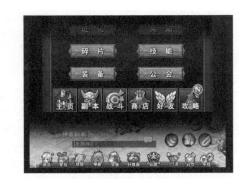

图2-24　标签式导航的原型和案例

3.选项卡式导航

在PC端上，选项卡式导航通常在一个系统界面外整合比较大的系统，也可以在界面内作为功能分类，适用于层级较多的系统。它可以对大量信息进行分页收纳，并通过逐渐加入，来帮助玩家减轻记忆负担，如图2-25所示。

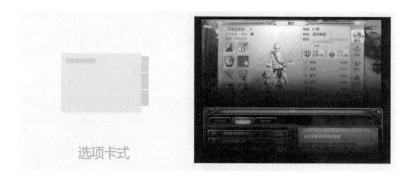

图2-25　选项卡式导航的原型和案例

4.列表式导航

列表式导航常作为浏览控件及二级导航，因其结构清晰给人以平静感，常用于需要高效操作的界面。它可以让玩家直观地了解到任务情况，比如邮件列表、任务列表，如图2-26所示。

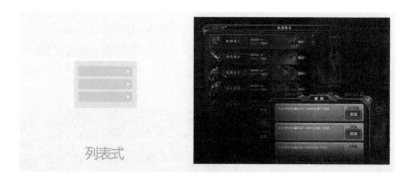

图2-26　列表式导航的原型和案例

这些导航模式在不同平台操作系统上有不同的表现形式，对于其定位和设计也有不同规则，如在移动端的选项卡模式有固定选项卡和滑动选项卡等形态，还有通过组合而形成的组合式导航。

游戏场景中也存在副本出入口、NPC传送这样的场景式导航。在设计过程中，应当以内容为先，按照实际的玩法需求，结合游戏自身特性选择更适合的导航模式，不必因跟风交互的趣味性而忽略导航模式的自身特点。

2.2.2　内容展示

内容展示更像是一种氛围的营造。设计师要保证其有效地传达信息，同时还要保证为内容服务，以及流行元素和游戏背景等多方面问题。常用的内容展示方式有四种。

1.幻灯片式

幻灯片适用于图片或整块内容的并列展示和内容轮显。这种方式给设计师很大的设计空间，同时也能够帮助玩家建立轻松的情景。幻灯片式在一些游戏活动商城中比较常见，另外一些比较大型的玩法也可以这样包装，如图2-27所示。

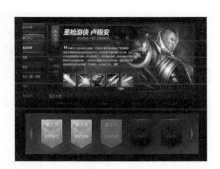

幻灯片式

图2-27　幻灯片式原型和案例

2.卡片式

卡片式能够将不同的信息内容模块化，并高效有序地组织整合起来。信息归纳简洁有序是卡片式的主要特征。它可以对重要程度相似的内容做比较，也可以作为有难度梯度的目标引导。比如有很多选择的副本入口、需要进行对比的VIP购买界面，如图2-28所示。

卡片式

图2-28　卡片式原型和案例

3.网格式

网格式利用分组和间隔来创造规律，将不同的视觉元素在框架中进行编排，画面按一定的比例关系进行分割。它的优点是网格的规律性能形成一定的视觉美感，有利于浏览，缺点是对用户的选择压力较大。比如以场景画面为引导的副本入口、以图片作为吸引点的商城界面，如图2-29所示。

图2-29　网格式原型和案例

4.隐喻式

隐喻式通过按照现实世界中的对象与操作进行模仿，给用户带来可预期性和熟悉感。情景式整体隐喻界面，比如签到的日历、倒计时的钟表、游戏地图、家谱式的技能书、书籍、名片夹、信封等。另一种类似iOS文件夹整理时，通过对真实的抽屉空间进行隐喻，让用户直接进行操作。如游戏的锻造系统中的武器宝石镶嵌这样的玩法系统，如图2-30所示。

图2-30　隐喻式原型和案例

2.2.3　基础控件

从字面上理解，控件就是可以通过直接操作而实现控制的物件，如生活中的门把手、按钮开关。设计师借助隐喻的方法，根据现实中的操作对象，按照软件特性归纳出直观高效的控件。

常用的基础控件根据功能归类可分为四种基本类型。

- 命令控件，用于启动和触发操作功能如按钮、超链接等。
- 选择控件，用于选择选项如复选框、单选框、开关静音等。
- 输入控件，用于输入及控制如复选框、滑块、滚动条等。
- 显示控件，用于信息展示如进度条、分割线等。

操作控件是为了还原真实场景的反馈感而设计的。当我们进行操作时会出现不同的状态，如按钮最初的未选择可用形态、禁用状态、聚焦滑过和选中状态等，每个控件都有不同的状态，如图2-31所示。

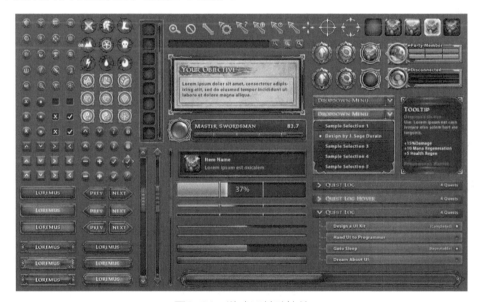

图2-31　游戏UI基础控件

在图形界面发展过程中，设计师要关注常使用的控件在不同时期和不同平台所发生的变化，品味控件的视觉层次从认知心理学角度如何被广泛应用。设计中再微小的元素都需要谨慎安排，考虑到真实的使用场景。了解每一种基础模块的特点、适用的场景，可以帮助我们设计出较合理的方案。

2.3 游戏HUD界面

HUD是Head-Up Display（平视显示）的缩写，在游戏中向玩家传递重要信息的任何视觉元素都可以称为HUD。这一概念最早用于军事领域战术信息显示范围，后来被游戏所借鉴，即把重要的信息放置在游戏显示屏幕重点关注的区域。

在不同游戏类型中，HUD界面用于提供玩家剩余任务时间、生命值、坐标位置，以及更多信息，比如显示玩家血量和子弹数量。合理设计HUD界面，可以更好地服务游戏，方便随时查看重要信息，提供快捷操作，让玩家对游戏世界有一种掌控感。

2.3.1 血槽

在HUD界面中，血槽的形式五花八门，而其具体形象取决于游戏类型。最常出现的血槽形式是带有红色色块填充的矩形条或球形容器形式。当玩家受到伤害时，色块的百分比会随之减少，如《暗黑破坏神3》中采用的是大型网游中常见的球形血槽。而另一些特殊的表现形式，如《银河战士》系列游戏中的血槽代表机甲防御系统的状态；《风之旅人》中的血槽是以角色围巾的形式存在；《鬼泣4》采用的是主机游戏常见的血槽形式，另外还增加了隐藏关卡的功能，如图2-32所示。

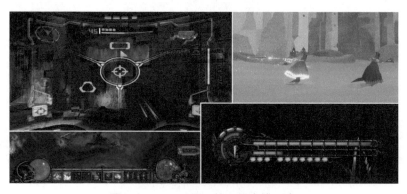

图2-32　HUD界面的不同血槽形态

2.3.2 经验槽

早期游戏只有记录分数，比如《Pong》的分数只有一位数。后来游戏的完成度逐渐变得比分数更重要，积分的标准也多种多样。玩家完成任务会得到一定的经验数值，根据设计的强弱可以增加玩家的获得感和成就感。在《永恒之塔》游戏中，当玩家在战斗中死亡时，经验值会有一定的减少，这无形中增加了玩家在战斗中的紧张感。和很多大型网游的布局形式相同，《永恒之塔》的血槽和经验槽是组合在一个区域的，如图2-33所示。

图2-33　经验槽的不同形态

2.3.3　雷达/地图

随着游戏的复杂度越来越高，雷达/地图提供了越来越多的功能。早期的游戏《迷宫赛车》只提供能量的位置，看不到对手车子的图标。《剑灵》的小地图除了常见功能可以放大外，还可以通过设置透明度以直观地查看任务NPC的位置和任务执行地区，利用小地图的画图功能可以在组队中方便地解释用语言难以说明的问题或攻略方案，能够极大地提高游戏的便捷性，如图2-34所示。

图2-34　《剑灵》小地图的功能形态

2.3.4　技能/弹药

无论是技能图标还是用弹药数量用怎样的形式表现，它们通常都显示在屏幕最显著的位置。如果玩家需要切换技能或者武器，可以在上面标注快捷键来保证玩家快速切换。当技能在冷却时间段或者可用状态下都需要设计不同状态。图2-35显示了技能和弹药的不同表现形式。

图2-35　技能和弹药的不同表现形式

2.3.5　瞄准镜

瞄准镜既可以是简单地落在敌人身上的"激光点"，也可以是提供射程信息的可追踪系统，可以帮助玩家锁定射程内的其他玩家。当瞄准镜对准目标时，让瞄准镜对目标有一定的自动吸引的黏性；当玩家在移动或者有一定瞄准难度的时候，可以让玩家更清晰地完成射击，如图2-36所示。

图2-36　不同形态的瞄准镜

游戏越来越庞大，HUD界面元素也越来越复杂。为了减少对玩家的干扰，一些游戏努力去掉HUD界面，在长期不触发的情况下，让HUD元素自动移出屏幕，而当玩家受到攻击或者鼠标滑过时则立刻出现，以保证玩家快速调出信息及操作。

2.4 游戏系统功能

大型多人在线的网游中包含着大量的游戏系统界面，游戏界面数量和内容带来的复杂度，影响玩家对界面认知的速度，没有规划随意设计会带来很多问题并增加返工的次数。在增加视觉表现的同时需要考虑资源数量的控制，从而减少资源浪费，提高信息接收的速度。因此，需要从游戏整体体验的角度，根据产品的核心目标和玩家接收信息的等级来权衡游戏不同类型系统功能的视觉表现。

2.4.1 通用功能系统

简单明了，操作明确，降低存在感。

需要经常操作的界面称为通用界面，主要包括好友、背包、设置等，在设计时需要注意梳理界面信息的层级，突出核心内容的区域，总体上让玩家忽略界面的存在感，把视觉的重心放到场景和角色中，如图2-37所示。

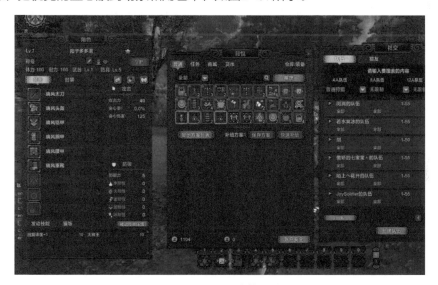

图2-37 通用功能系统

前期制定好UI规范和通用控件，在后面的系统制作中可以减少不必要的重复工作。

2.4.2 核心玩法系统

衬托主题，提高沉浸感，强调舒适性。

由于这类界面存在大量的游戏玩法，主要包括角色成长、收集和成就等系统，基于产品的特点，造型多变的UI能增强游戏的代入感，满足玩家需要的新鲜感，如图2-38所示。

图2-38　核心玩法系统

在设计视觉风格前期，搜集大量的图片资源，随时关注游戏内美术团队的资源更新，可以有效解决设计执行中灵感枯竭时的苦恼。

2.4.3　运营充值系统

信息突出，提高参与感，加强刺激。

在运营活动相关的设计中，标题不明确、罗列信息不考究、不相关素材的任意堆砌等会造成画面的不协调，难以搭建一个具有信任感的界面，这是最忌讳的。设计师需要用生动的文字和图像把信息鲜明地展现给玩家，吸引他们阅读。好的运营活动应该做到吸引眼球、减少思考、乐于参与。图2-39为运营充值系统。

运营活动一般分为法定假日、产品结点和社会热点三方面。在运营活动比较紧急，并且需求量大的情况下，制作通用的模板可以有效避免赶工所带来的视觉效果损失。

游戏的交互设计解决了游戏的逻辑难度问题，而视觉设计解决了认知的问题。界面的复杂度影响玩家对界面的关注度，如果全部设计得夸张、华丽，那么会让玩家无法对界面做出正确的判断。所以在设计的时候，设计师不仅需要梳理单个界面信息的层级，还要有意识地与团队协商，规划好游戏UI整体框架下的视觉层级分类。图2-40为游戏UI在大型网游三类系统中的视觉表现强度规划。

图2-39 运营充值系统

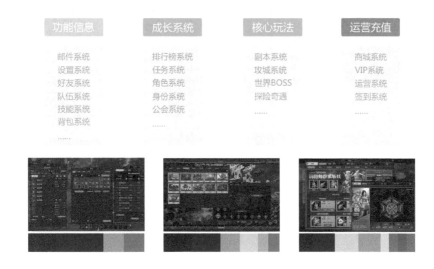

图2-40 大型网游三类系统的视觉表现强度规划

设计师需要了解游戏UI与游戏系统玩法之间的关系，梳理这些系统玩法的重要层级。一旦有了清晰的区分，就可以对每一类游戏界面进行有针对性地设计，并对其装饰度和界面数量按照一定的比例分配。

2.5 游戏的其他界面

从游戏体验的时间分布来看，游戏内系统界面大体分为登录界面、创角界面、loading界面，当正式进入游戏后会出现情景提示、正面提示和一些反馈信息。

2.5.1 登录界面

登录界面好比游戏世界与现实世界的一个交接点，如同演出前拉开幕布这样的仪式。为了能让玩家在打开游戏的一刹那对游戏世界产生兴趣，我们需要让画面包含游戏世界的世界观和游戏特性等丰富的信息，这看似简单但是却做了足够多的取舍。图2-41是《藏地传奇》的登录器和登录界面，左边是登录器界面，右边是进入游戏后的登录界面，两者色调及元素质感高度统一，共同传达了游戏的世界观。

图2-41 《藏地传奇》的登录器和登录界面

2.5.2 创角界面

通过创角界面的一些内容，玩家可以大概了解到这个游戏角色的外在形象，角色在游戏世界的职业、种族等情况，我们需要通过界面让玩家感受到更多的参与性。玩家在等待的过程中看到的视觉元素也要完全符合这个游戏世界的特性，确保虚构的游戏世界没有任何间隙让玩家可以跳脱。图2-42是《怪物猎人》的创角界面，角色站在一个游戏世界的屋子中，这个界面在游戏早期就传达出这个游戏世界的粗犷感。

图2-42　《怪物猎人》的创角界面

2.5.3　loading界面

由于技术有一定局限性，通常游戏都需要加载loading界面。很多游戏为了让玩家减少游戏等待的焦虑感，希望创造进入游戏的无缝体验，如缓缓开启的解锁大门、渐渐散去的迷雾，但仍需考虑的是这些创意会加重数据加载的负担。所以通常情况下我们更多看到展示游戏场景地图、版本的特殊宣传、提醒玩家的进度和目标，还有强调游戏的Logo。图2-43是《镇魔曲》的加载loading界面，主要呈现的是游戏内具有故事性的画面，玩家容易被聚焦的光线吸引，仿佛同游戏中的角色一同望着远方。

图2-43　《镇魔曲》的加载loading界面

2.5.4 情景提示

当玩家触发游戏中的物品或角色的时候，在目标点出现图标或文本进行提示。最常见的情景提示就是按钮或者动态的图标，让玩家能够理解这是可操作的。使用情景提示可以让玩家始终保持对游戏的掌控感，有趣的情景提示甚至可以让玩家更加沉浸于游戏中。常用的情景提示有五大类。

1.弹出框

一般的弹出框都带有简短的文字说明和可操作的按钮，用于确定和取消操作。如果没有给玩家可操作的内容，那么弹出框就需要在短时间内消失。通常玩家都希望快一点关闭没必要的信息，所以弹出框上面的内容文字最好一目了然，能够帮助玩家快速做出判断。

2.气泡/图标

气泡提示出现在游戏画面中的时间通常比较短，就像真实的气泡般会渐渐消失，并不需要有任何操作，但是像漫画中的对话框一样，带有具体出处的指向，让玩家了解信息出处。图标比如游戏角色或者NPC在当前场景的一些对话。《模拟人生》中游戏角色头上的图标，让玩家清楚地知道当前角色的状态，如图2-44所示。

图2-44　《模拟人生》角色头顶的状态图标

3.跑马灯

跑马灯通常是用一个矩形条显示少量用户特别关心的信息，信息之间首尾相连，向一个方向循环滚动。有些游戏画面会出现这样的布告"恭喜XXX获得全服最佳战力"，这种提示一方面需要保持固定位置减少玩家记忆成本，另一方面可以考虑拖动删除这类附加功能，让玩家获得更人性化的体验。

4.按钮/链接

按钮的点击来自人类在现实世界的体验，也是最常见的一种反馈。在现实中操作一个按钮，能够直接感受到触按后的变化。当玩家在屏幕上按下一个按钮或者点击链接的时候，也需要有状态的改变，例如最简单的改变颜色，或者是看起来像是被压扁的形状，让玩家感受到他的操作是有效的，甚至是有趣的。游戏中有的按钮甚至可能是一个拉杆、一个图标，具有游戏特有的丰富性。

5.光圈

光圈的一个典型的例子便是《魔兽争霸3》中的选择环，如图2-45所示。通过场景中光圈的设置，预示着游戏效果的合理性及会影响到的游戏距离单位的范围，能够让玩家清晰地看到自己控制了哪些距离单位。 这些UI组件主要用于提供关于游戏世界窗体界面所能表达的信息之外的信息，这些信息主要出现在玩家所聚焦的位置上，从而避免HUD布局混乱。

图2-45 《魔兽争霸3》的选择环

2.5.5 正面提示

不仅是高分数可以给玩家鼓舞，游戏画面中出现"连招""干得漂亮！"这样的提示信息，也会让玩家保持兴奋感。《游戏改变世界》的作者在其书中提出假设，电子游戏之所以如此流行，原因之一是，玩家在游戏中获得更多在日常生活中所不能获得的正面的强化，每一次小小的成功都会出现祝贺的气氛，即使初次体验游戏的玩家也会对自己的表现感觉良好。常用的正面提示有三大类。

1.开启类

玩家的角色在游戏中成长，每当提升等级后都会获得相应的属性加成，可以开启新的技能、新的系统功能、新的可探索地图、新的解锁关卡，这些提示都隐含游戏的指引方向。

2.获得类

就像送人礼物一样，总要让气氛符合礼物的轻重程度。获得大量的金币、角色的升级、获得翅膀等贵重物品、获得成就称号等，我们可以参考拉斯维加斯式的超酷音效，同时动画和特效也增强了玩家获得奖励的喜悦，如图2-46所示。

图2-46　获得类提示

3.战斗信息

在战斗中，通过图标或文字组合告知玩家遭到某种进攻或者警告即将发起攻击，以便玩家准备好攻击和防御。在游戏中常见的如大招连斩、Boss来袭、胜利等。

2.5.6　反馈信息

反馈信息是一种对事物本身直接的反应信息，而另一种就是玩家在学习操作后，通过语言、图形或文字的形式来反映信息。玩家在游戏中，如果发现行动和结果之间出现了矛盾，他们便很难判断自己接下来的行为。所以在前期，开发者应该建立相关机制，尽早将长期和短期目标展现给玩家，并在整个游戏过程中始终围绕着这些目标来进行反馈。反馈信息有四种。

1.信息

反馈提示的文字信息应该简洁易懂，避免使用大段文字、程序员语言，这样可以降低玩家的学习成本，减少不良情绪的出现。另外适当地使用图标也会增加玩家兴趣，帮助玩家判断提示类型。

2.警告

警告通常需要引起玩家的注意，根据警告类型可以设计不同的外观。如果警告是框体，需要告知玩家当前的状态和如何回到玩家希望的状态中。如果是持续减血状态的提示，那么单方面的红色在屏幕四周闪烁即可；如果是死亡状态的提示，则不仅要把屏幕变成黑白的，还需要告知玩家如何回到复活状态，如图2-47所示。

图2-47　警告类反馈

3.错误

通常在玩家操作中出现了问题或异常导致无法继续执行任务时出现错误提示。错误提示告知玩家为何被中断，并提供有效的解决方案让玩家可以进行修复。如果是玩家身上的装备大量破损导致的战斗力无法支持下面的任务，那么将会在屏幕上出现装备的红色提示，并让玩家可以直接操作将装备进行修理。这样的事件不仅不会让玩家感觉麻烦，而且还增加了真实世界的体验感，同时让玩家具有游戏世界的操控感。

4.确认

生活中很多时候也会有一些事情让人感叹世间要是有后悔药该有多好。有的时候玩家的一些误操作会导致很珍贵的物品被丢弃并无法找回，这种情况会给玩家带来很大的不良体验，玩家不会寻找自身原因，通常会责怪游戏设计的有问题。所以当进行有一些较为危险和不可逆的操作时，对玩家进行二次确认能让玩家在游戏中产生可操控感，如图2-48所示。

图2-48　需要再次确认的信息弹框

2.6　小结

本章简单概括了游戏UI的专业知识、游戏UI的基础模块、游戏HUD界面的元素、游戏的系统功能分类，并从游戏体验的时间分布来看游戏的其他界面。一个优秀的游戏UI设计师离不开扎实的美术基础、灵巧的动手能力、美学鉴别能力、敏锐的感知能力、开阔发散的视野，以及设计构想的表达能力。在第3章的界面设计部分，会通过实际案例来展示界面从无到有的设计过程。

第3章

／

游戏UI设计技能的修炼

在与游戏交互的过程中，玩家对游戏底层复杂的信息处理和运行过程是无意识的，玩家所体会到最基本的游戏UI设计包括图标、文字、界面等方面。图标、文字、界面是游戏世界视觉感官的组成部分，符合游戏世界观的独特设计，可以提高游戏世界的代入感和可信度，也是渲染游戏氛围最有效的方法之一。本章我们讲述游戏中的图标、文字和界面具体是怎样设计的。

3.1　游戏图标设计

图标是游戏体验中一个很重要的元素，也是很容易被玩家所忽略的，因为它在游戏世界中是很平常的存在，无论打怪、疯狂点击的技能图标，还是战斗力不足需求补充的药品图标，因为经常使用，反而像空气一样让玩家忘记了它的存在，如图3-1所示。

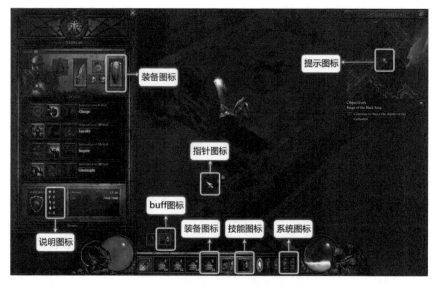

图3-1　图标在游戏中的运用

游戏中的图标类型非常多，按功能联系分为图像类图标（Icon）、指示类图标（Index）、标志类图标（Symbol）三大类。

3.1.1　图像类图标设计

图像类图标主要是指图标的载体具有物质属性与所指对象之间存在着相似或者

类比的关系。图像类图标需要表达直观明了，遵循人的经验和直觉感知，比如顶部俯视的图像的造型不容易被快速识别，而侧向俯视是想象中物体的标准视角，这有助于玩家的理解和记忆，如图3-2所示。

顶部俯视　　　　　侧向俯视

图3-2　顶部俯视和侧向俯视的图标

图标可以引导玩家注意到重要的信息，有效减少了学习和记忆的成本，是组织信息内容的非常重要的因素。

游戏中的图像类图标包括系统图标、活动图标、商城图标、装备图标、技能图标等。

系统图标设计

系统图标在游戏中常驻于主界面的区域，方便玩家随时操作。常用的系统功能图标一般包括角色的属性、技能、背包、好友等，用于满足玩家在游戏世界的一般交互。绘制这类图标的时候，尤其强调与界面风格统一。

如图3-3所示，系统图标通常与界面整体配色最为接近，视觉的统一性关系到整体设计，对于一组风格不统一的图标，即使再有创意也毫无意义。在保持图标的视觉一致性方面有一定的技巧，如保持配色、造型和效果的一致。人们首先注意到的是色彩，相同的颜色或者相近的配色会让图标看起来更加统一。而图标的造型能够符合游戏的世界观，也会给游戏的代入感加分。

活动图标设计

活动图标是游戏上线以后，根据不同节日所推出的运营活动入口，活动图标在某种意义上隶属于系统图标。除此之外还包括相对应的道具图标，以结合运营活动的特色玩法，比如元宵节的汤圆、春节的鞭炮等。通过参与活动，玩家可以很容易地在背包中找到它。绘制这类图标的时候，需要考虑符合游戏的背景需求。

如图3-4所示，在背包界面、Tips说明和活动入口三个不同区域，根据各自需求的不同，图标显示的尺寸也会不同。比如主界面中心的技能区域还有背包格子中的图标，有时候为了减少界面元素大量占据游戏画面，要选用偏小的尺寸，但是在需要展示的Tips说明上要用最大的尺寸。

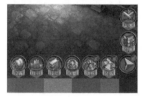

图标配色质感

界面配色质感

图3-3　系统图标与界面配色质感

活动图标的不同显示尺寸和形态

已经拥有8个
实际需要4个
绿色文字颜色表示已经充足

已经拥有2个
实际需要4个
红色文字颜色提示不足，并可以加蒙版强调

图3-4　活动图标的不同显示尺寸和形态

　　根据活动设计的需求，可以在图标上标记不同的状态，来提示玩家活动完成的情况。如玩家已拥有的数量和活动需要的数量，绿色代表数量已经足够，而红色提示数量不足，并可以加红色蒙版强调。这样可以有效地将图标和系统联系在一起，给予玩家无处不在的帮助。

商城图标设计

游戏世界除了玩家日常交易的一般物品外，还会有一个满足玩家奇特幻想的游戏商城，里面有各种奇珍异宝、个性服饰等。由于这类图标在游戏中是需要充值购买的，所以为了区别于普通的物品图标，设计的表现强度和绘制精度都要高于普通的物品图标。

如图3-5所示，很多游戏通过增加不同色彩、造型和特效来突出更高级的品质从而唤起玩家的购买欲。例如，在商城中购买的VIP图标会有不同的等级之分，甚至购买到更高级别的VIP等级，会给予玩家一个相应的VIP徽章作为奖励。用不同的色彩表示不同的VIP等级，相同的卡片形式表示其本质是相同的；徽章与卡片形式不同代表用途不同，但相同的色彩却又表明它们属于相同的级别。在设计的时候，设计师需要考虑相同系统和不同系统之间色彩和造型带来的品质印象，避免出现有歧义的设计。

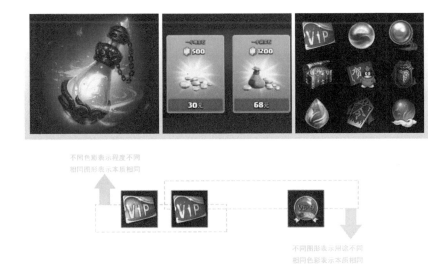

图3-5　商品图标和色彩应用

消耗图标设计

游戏世界模拟现实世界，玩家的游戏角色一样需要穿衣吃饭，只是根据游戏背景不同而有所区别。同样是充饥，东方的吃馒头、米饭，西方的吃面包、香肠。常见的消耗图标比如玩家常用的补充体力的药品、开启特殊任务的任务卷轴、完成一个剧情任务需要积攒的物品道具。游戏中交易的金币、铜钱等图标，这些都需要考虑游戏的时代背景，如图3-6所示。

图3-6 消耗图标

装备图标设计

一个大型的幻想类游戏一定少不了让玩家拥有令自身变得更强大的武器及服饰。由于这类图标需要考虑与游戏中真实角色的造型统一，所以需要向游戏美术收集原画造型或者用3D渲染好的模型直接修图。绘制这类图标的时候，还要注意明确等级关系，合理区分职业。

如图3-7所示，装备图标可以出现在角色信息、背包和锻造等界面中，与之相关的交互状态如已穿装备、装备的不同品质、未穿装备，有些游戏甚至加入了可直接获得的途径。玩家需要将装备拖入未穿装备的格子，而每个格子通过剪影和雕刻的手法，提示玩家应该把不同装备部件拖入相应的格子。不同品质有时候直接在装备图标上进行区分，如有的游戏用不同颜色的底色来区分，可以一定程度上节约资源。

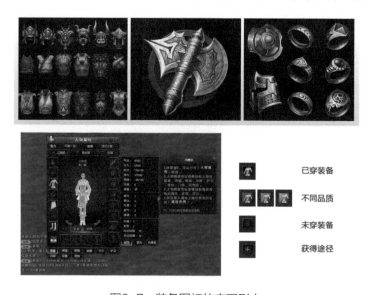

图3-7 装备图标的表现形态

为了让一套装备图标表现得更加一体化和细腻，相同的角度、打光、描边、反光等效果是比较有效的实现方法，如图3-8所示。

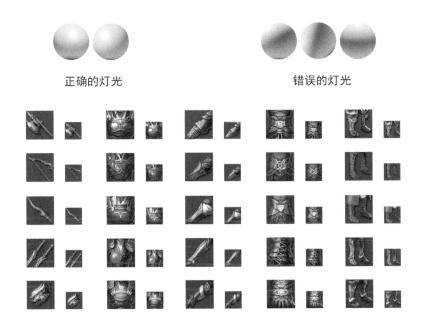

正确的灯光　　　　　　　　　　　　　错误的灯光

图3-8　光线对物体表现的影响

过偏的角度会影响装备的效果，例如有时候会遇到图像不能以合适的角度和形体出现，可以用相对接近的内容或者视觉上比较协调的方式来表现，比如非常细的宝剑截取剑柄部分更多一些。正确的打光可以更好地展示装备的形态，错乱的打光不仅影响图标的识别还会降低图标的品质感。描边和反光除了可以加强风格统一性之外，还可以加强图标的风格特性。

技能图标设计

游戏是一个虚拟世界，为了满足玩家的各种幻想，游戏中通常有非常多的只有小说和电影里才会出现的特技。比如飞檐走壁、蜻蜓点水、强大的魔法攻击效果，这些需要玩家在游戏里面逐渐学习，为了更好地学习和记忆不同技能之间的区别，技能图标需要尽量符合其动作、特效的特点。

如图3-9所示，技能图标出现在主界面中，快捷键的标注，用红色蒙版表示当前场景未满足使用条件，用旋转动画来表示技能冷却过程，用灰色的技能图标表示禁用状态、玩家未学习和拥有该技能。这些都可以方便玩家快速获取信息。

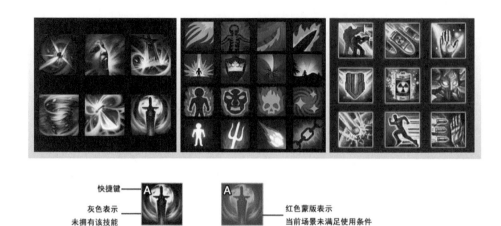

图3-9 技能图标的表现形态

很多时候当我们接到的技能图标需求不是一两个，而是一大批的时候，如何快速准确地设计出符合需求的技能图标呢？

平时多看同类游戏的图标是如何来设计的，通过竞品分析可以大致了解到哪些已有的图形已经对玩家进行了信息培养。但这种情况也需要谨慎的考虑竞品的图标设计释义是否准确，游戏的世界观需要怎样的代入感。

技能图标在色彩和造型的对比度方面比其他类型图标更高一些。比如战士的技能图标需要体现得凶猛血腥一些，造型上更多尖锐的图形，色彩可以选取红色系；法师的技能图标通常表现得魔幻漂亮一些，造型上可以更多饱满的弧线，色彩可以选取紫色系。

如图3-10所示，《长城》游戏中技能图标是以军职的特点来区分的，每个职业的服饰的颜色和使用的武器都是不同的。鹰军使用的是红色和弓箭，鹿军使用的是玫红色和枪，鹤军使用的是蓝色和双剑，虎军使用的是金色和拳套，熊军使用的是棕色和斧头。

如游戏中按元素水系、火系等划分技能分类，水系的图标主要以蓝色为主色调，火系的图标主要以红色为主色调，其他以同类色和互补色进行调和。根据游戏各职业的特点去对职业技能进行分析和设计，提高玩家的辨识速度，让玩家更容易记忆和发现规律。

图3-10　《长城》职业技能图标

3.1.2　指示类图标设计

指示类图标是指通过图标的形式与所指对象之间形成认同而构成指示说明的意义。指示类图标的目的是通过形成一定映射关系而被玩家理解掌握。如在文本较多、不适宜用文字表述的情况下，为了更好地将内容以简单明了的形式展示给玩家，指示类图标作为概念的视觉参照物能快速引导玩家。

游戏中的指示类图标包括提示图标、鼠标指针等。

提示图标

游戏中的玩家角色会拥有多种能力属性，如体力、智力、法力等，它们出现在角色属性等界面中，目的是让玩家对这些信息产生认知和获得感，通常在一些属性列表、提示、标题、搜索、NPC等情况下使用这类图标。

如图3-11所示，在游戏小地图及世界地图中，也会出现NPC角色、传送、地点名称等提示图标。这些隐藏的功能入口，如果都设计成按钮形态，反而会破坏了地图的整体感觉。为了让它们看起来可以点击，从色彩明度和饱和度上与地图背景进行区分。通过不同颜色区分所在地图区域有无Boss；用相同的颜色样式将地点名称进行归类，有利于视线的扫视和切换；而王、东、西、南、北的图标通过相同的样式归为一类，用不同颜色进行区分。

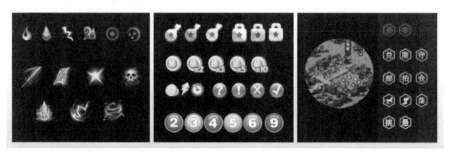

用不同的颜色来区分地图中有无Boss

相同的颜色和样式来归类

相同的样式归为一样，不同的颜色作为区分

图3-11　提示图标的不同形态

绘制这类图标要更多地考虑去掉多余的元素、倒角和圆角的统一、外轮廓的简洁和线条的清晰。从游戏大量的绘画感中产生区别，这类图标更适宜简洁和扁平一些。

鼠标指针

游戏世界具有丰富的探索性，从挖矿到锻造武器、从采集到制作手艺工品，指针图标通过图形符号的变化来暗示玩家游戏内各种可操作变化的事物。当鼠标指针在移动过程中，从一个静态手指变成动态抓取效果时，图标变得对玩家有教学意义。

如图3-12所示，鼠标指针在屏幕中通常是以斜角45°的形态出现，但为了让人视觉上更舒服，设计师会进行一些特殊的调整。由于鼠标指针不是固定出现在界面某一区域的，因此当绘制完成之后，需要在不同的场景下测试可视度，以避免不必要的返工。

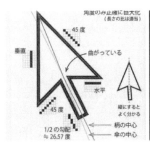 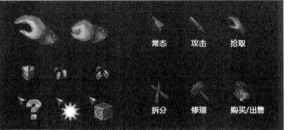

图3-12 鼠标指针种类及在场景中测试可视度

绘制这类图标需要考虑角度的舒适性，以及与场景明度的适配度，有的项目也可能需要设计师用到Artcursor鼠标指针制作工具。

3.1.3 标志类图标设计

标志类图标与所指对象不一定存在必然的内在联系，也可以从所指对象的一些象征含义中去提取。这需要建立在游戏世界社会文化背景的基础上，比如某个图腾象征着这个国家，黄色在某个时代被认为是皇权的象征。如游戏的职业种族图标象征着玩家的身份，成就称号图标象征着玩家的荣誉，而App图标和PC桌面图标象征着一个游戏。

游戏中的标志类图标包括职业种族图标、成就称号图标、App图标桌面图标等。

职业种族图标

在现实世界中，不同国家有不同的国旗，不同团体有不同的标志，而团体与个人不同的分工及各自特殊的作用构成了一个平衡的生态系统。游戏世界是一个平衡多彩的幻想世界，种族和职业也一定符合独有的世界观下特有的属性，如图3-13所示。

图3-13　职业种族图标

从理论上说，图标传达信息是高效的，但是在实际应用中有的图标容易被识别，有的却会对玩家造成误解。设计师如何设计出让用户更容易理解的图标呢？这需要分析影响图形理解的认知因素。根据相关研究表明，影响图形认知的因素包括：视觉的复杂性、信息的准确性和语义的熟悉性。

视觉的复杂性：指图形组合元素的多少及细节的多少，复杂性越高信息量越大，复杂性越低信息量越小。

信息的准确性：指图形与现实生活中认知物的相似度，相似度越低越抽象就越不好理解，相似度越高越具体就越容易理解。

语义的熟悉性：指图形与生活中表达的语义熟悉度，熟悉度越低认知距离越大，熟悉度越高认知距离越小。

这几点因素相互依赖和影响，因此设计指示类图标需要具象的元素，而设计职业种族类图标可以略微加入抽象的元素。对于复杂程度相同的两个图标，越熟悉的图标视觉复杂度越低，这就好比同样复杂的两件事情，如果你对其中的某一件事有操作经验，那么就会觉得这件事情更简单。

职业种族图标通常绘制较大尺寸，出现在特殊界面甚至游戏网站中。而另一种需求是作为场景中快速识别的指示类图标存在的，因此会考虑多尺寸设计的统一与变化。图3-14是游戏《龙骑战歌》中的职业图标，设计师通过最大尺寸展示不同职业所包含的内容，线稿可以作为装饰融入界面和场景之中；设计师通过最小尺寸进行精简设计，只保留部分相同的外轮廓以便于识别和区分，更适合用于组队列表和头像信息等地方。

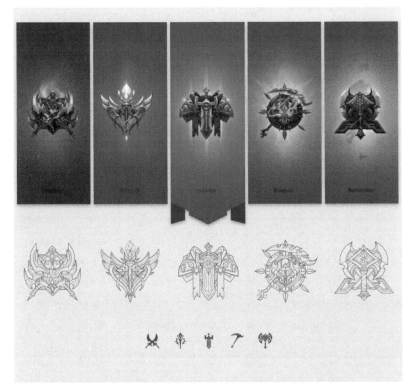

图3-14　影响图标认知的情况——《龙骑战歌》职业图标

成就称号图标

　　游戏世界作为虚拟幻想的世界，通常都有一个庞大的世界观，为了从多方面奖励及提供目标给玩家，就出现了各种成就徽章、VIP等级、军衔称号。绘制这类图标需要考虑多等级的可延展性，以避免不断增加等级让设计师最终难以进行设计。

　　如图3-15所示，《守望先锋》有190个等级的头像边框，它们的品质通过铁、铜、银、金来进行大的区分。铁质部分有10级，由简到繁作为图形设计的基础；而铜质部分包含了60级，在铁质部分的基础上改变色调，每10级加入1颗星作为变化组合；银质和金质在铁质的图形基础上，改变色调质感，共同整体组合成190级。设计师通过一定规律进行设计，保证统一性的同时也在一定程度上降低了时间成本。

《风暴英雄》徽章

《DOTA2》徽章

《守望先锋》190个头像边框的品质梯度区分		
铁	图形从简到繁	银
	图形不变，改变色调	
铜	色调不变，加入星形1颗	
	色调不变，加入星形2颗	金
	色调不变，加入星形3颗	
	色调不变，加入星形4颗	
	色调不变，加入星形5颗	图形不变，改变色调

图3-15　成就称号图标

App图标，和桌面图标

如图3-16所示，在App应用商店里、电脑桌面、游戏大厅中，众多游戏的图标争夺着玩家们的注意力。好的图标能在瞬间抓住玩家眼球、传达产品明确特点的同时给玩家留下深刻的印象，这也是设计的关键。绘制这类图标时还需要考虑不同平台的尺寸规范和平台风格。

图3-16　App图标和桌面图标

一个成功的图标，玩家首先注意到的是视觉效果，其次是它所表达的含义。在认知过程中主要包括视觉搜索和信息理解两个方面，让玩家衡量一个图标好坏的前提是玩家能理解其所要传达的寓意。因此这类图标不仅需要设计醒目，还要符合游戏自身特点，我们可以从游戏核心玩法或剧情人物等方面来思考方案。

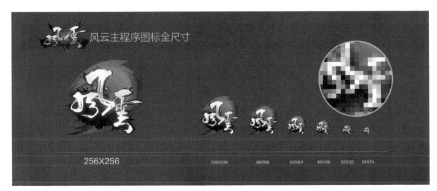

常用图标尺寸规格

不同方案测试显示效果

图3-17　图标的常用尺寸和不同方案的测试效果

如图3-17所示，桌面图标通常需要多个尺寸，在输出部分可以通过Axialis IconWorkshop和IconCool Studio创建、导入、调整最小尺寸的像素，以便提高图标的识别度。而导出的ICO图标内可包含多个尺寸，用于显示在系统平台的不同位置上。

如果需求方没有明确的要求，设计师可以通过不同方向来出方案，比如历史战争方向、游戏名称方向或是美女角色方向。如果为偏冷静思考的策略类游戏做图标，设计师通常会先考虑符合这一特点的视觉元素。而运营认为需要结合时下热点，通过图标来提高下载量，要求添加美女或者使用刺激眼球的方案。

虽然这样做有可能在短时间内获取一定的下载量，但是当玩家进入游戏之后，发现并非自己感兴趣的类型，对游戏的内容产生错误的判断从而产生受骗的感觉，依然会离开。而符合游戏自身气质的图标，或许下载数量有一定的差距，但是获取真实玩家的可能性会更大。

在确定设计方案后，可在图标可能会出现的地方进行模拟测试，比如在游戏大厅、浏览器、桌面截图中。与同时期的其他图标效果进行对比后，可以进行针对性的细节调整。

图标在游戏设计中被广泛运用，一个小小的图标起着很大的作用。通过这些小小的图标，可以更好地实现视觉引导及功能区分。使图标与游戏内容保持视觉上的有机融合，能够提供有效的视觉隐喻，这样不仅可以提高游戏的体验，而且可以提升游戏的品质。

3.2 游戏字体设计

在游戏设计中，"文字"往往会被忽视，但是它确实是无处不在的。游戏字体设计没有被广泛重视，其原因可能是文字并不能转变成利润。而作为一个追求游戏视觉品质的设计师，我们所需要关注的是游戏各方面的视觉因素，我们应当更多地关注文字带来的质量和情感。

3.2.1 游戏字体风格

字体（typeface）是指设计风格、外在形式特征统一的文字体系，它包含字母、数字及符号。西方国家字母体系分为两类：serif（衬线体）和sans serif（非衬线体），如图3-18所示。

图3-18 衬线体与非衬线体字体结构图例

serif，意思是在笔画开始、结束的地方有额外的装饰，而且笔画的粗细会有所不同，由于其更强调单词的整体，因而更易阅读，适用于大面积区域。

sans serif，意思是在笔画开始、结束的地方没有额外的装饰，而且笔画的粗细差不多，强调每一个字母，因而更为突出，适用于标题区域。

字体之间最大的差异并不在于有无衬线，而在于字体与字体之间形体的差异。不同内容风格的杂志选用不同的字体及版式，游戏也是如此。随着现代电子计算机技术的发展，字库这种产物已经成为设计师工作的一部分，打开电脑会有数以万计的字体供设计师及非专业人士使用。有这么多字体的存在，那么当设计师进行创作的时候除了运用系统字体外，还需要选择符合游戏独特个性的字体。

游戏设计师根据其游戏整体的风格进行针对性的字体设计的例子很早就有。例如《暗黑破坏神》系列、《星际争霸》系列、《街头霸王》系列等由于英文字母的特殊性，甚至有自己独有的字体包，并且和游戏Logo配合，整体美术风格达到视觉体系的高度统一，如图3-19所示。

图3-19　《街头霸王》系列和《暗黑破坏神》系列的字体设计

欧美魔幻题材

欧美魔幻题材的游戏多用罗马体。不同时期问世的罗马体具有不同的历史味道。16世纪盛行的斜线型罗马体，重心线是倾斜的，给人以纤细柔美的感受。而18世纪后期出现的过渡型罗马体，笔画粗细变化加大，衬线通常较为尖锐。19世纪盛行的垂直型罗马体，特色在于笔画粗细的强烈对比，轻薄的水平衬线和笔直的重心线，给人以端正优雅的感受。此类字体其主要特色在于衬线、笔画粗细变化的韵律，富有古典主义风格和高贵优雅的特点，如图3-20所示。

图3-20　欧美魔幻Logo选图

中国古典题材

　　中国古典题材的游戏多用书法字体。传统书法字体由历史发展演化分为篆、隶、草、行、楷五大类。篆书是甲骨文、大篆、小篆的统称，它们保存着古代象形文字明显的特点。隶书起源于秦朝，书写效果略微宽扁，讲究"蚕头燕尾""一波三折"。草书形成于汉代，是为了书写简便快速，在隶书基础上演变出来的，特点是结构简省、笔画连绵。楷书产生于汉末，至今仍是通用的标准字体之一。行书是在楷书的基础上发展起来的，是一种介于楷书、草书之间的字体。书法艺术是东方艺术精神的浓缩与象征，笔墨的枯湿浓淡、结构线条的纵横疏密，展现了不同时期书法的特点，如图3-21所示。

图3-21　中国古典Logo选图

科技战争题材

　　科技战争题材的游戏多用无衬线体。与衬线字体相反，该类字体通常比较机械、线条统一，它们往往拥有相同的曲率、笔直的线条、锐利的转角。这种字体源于19世纪后期，由于当时的建筑及设计领域宣扬简单、具有功能性的设计，此类字体外观具有朴实无华和几何性的工业科技感，如图3-22所示。

图3-22 科技战争Logo选图

卡通休闲题材

卡通休闲题材的游戏多用卡通字体。卡通字体是由于现代动漫产业的发展需要而衍生出来的字体。它们普遍拥有圆润的线条、不统一的重心，笔画粗细变化不大。其表现形式夸张幽默，充满幻想和童趣，能有效地吸引受众的视线，唤起萌点，如图3-23所示。

图3-23 卡通休闲Logo选图

3.2.2 界面内容文字设计

界面内容文字，比如说任务界面的说明文案、需要经常使用的数据列表类型界面、活动界面的推广Banner等。

界面内容文字虽然有不同情况，但是仍然离不开前面章节中提到的图形构成、版式设计等基础原理。通过亲密性、对比、重复、对齐这些方法来设计界面的内容文字，可以有效提高文字的易读性。

尽量减少信息

进行文字编排首先要理解文字内容并将其分段，这样才能为选择字号和字距提供依据，为选择插图提供指导。相同类型的信息会挨得更近一些，这样可以提高文字的可读性，当玩家想要找相同属性的信息时不会无所适从。文字之间要尽可能保持整齐。区分事物是人类的本能，如果一段文字前半部是对齐的，突然出现一段是没有对齐的，那么这一段会引起人们的特殊关注。

如图3-24所示，上面一组图为任务说明文案，首先将界面的需求文案粗略分段，然后调整标题与正文、行与段之间的距离和大小对比，最后检查是否对齐、是否有错别字，并将重要的文字用不同颜色进行区分，这样一定程度上可以提高易读性。下面一组图为组队数据列表界面，粗略排版后与需求方进行沟通，两个相似的系统在文字名称上并不相同。我们需要确保在不同系统中文字信息的一致性，而先做需求的原因在于当有实物对比的情况下，对方更容易直观地理解问题而不会造成不必要的误解。

图3-24　文字排版过程

需求方通常希望通过更多的文字描述来阐述想表达的内容，但这往往给玩家带来了不好的体验。最好在开始就能够与需求方商讨将文字内容做减法，这样才能在根本上解决文字阅读的问题。如果实在难以减少文字内容，运用莱斯托夫效应也可以指导我们提高界面文字的可读性。其中的首因效应认为，人们对于一系列中的首部元素具有更深的注意力，而近因效应认为人们对于一系列中尾部元素具有更深的注意力。

我们知道人们阅读时并不会逐字阅读，而是同时对上下文进行猜读。因此为了设计便于扫描的文本格式，我们需要将精简的首部元素如文字标题与段落结尾建立关联，设计师可以通过充分使用标题来让玩家知道内容大意；保持段落的简短避免让玩家失去耐心，使用符号图标和留白让空间更加透气，感觉更加轻松；重要的人名、地名及数值用不同颜色进行强调和区分，这样可以帮助玩家快速关注到重要信息，并能够通过直觉进行猜读。

建立视觉次序

从人的视觉习惯来讲，看暗背景比看亮背景的时间长3～4倍，因此明度和纯度低的弱色常用于大面积的背景色或非活动操作处，而明度和纯度高的颜色会刺激人眼，引起疲劳，适合用于小面积的操作提示及重要内容信息区域，达到吸引注意，加强视觉提示的作用。

如图3-25所示，首先根据对内容的理解将文字分段落，并和插图分配到相应的空间。尽量不使用过多的字体，通过界面内容中的标题和正文的字体颜色、大小、粗细等来建立主次关系，使内容辨识度更高更容易被用户理解。

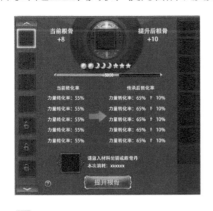 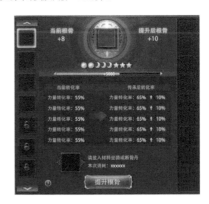

 粗排文字色彩，影响易读性　　　　　2 调暗底版并弱化非提示类文字

图3-25 色彩舒适度

除了界面本身的色彩，还会出现很多不可预期的色彩，如各种各样色彩丰富的Icon，甚至是华丽的特效。因此，我们在设计游戏界面的时候，要尽量控制界面中字体颜色的数量。

人机交互图形界面领域关于认知方面的研究表明，图形界面的结构及屏幕位置、视觉复杂度都对视觉搜索结果有影响。有效的视觉层次需要突出重要的部分，逻辑上相关的或者包含的部分在视觉上也需要进行关联设计。

Banner中的文字设计

游戏运营和推广都离不开对字体进行设计，字体设计通常是整个设计的一部分，并不是独立存在的。那么在不同的环境中，需要根据整体的设计基调营造不同的气氛。而对字体进行细节处理的原则是要配合整体的设计思路。

如图3-26所示，需要设计的文字内容为"属于你的奇妙之旅"，根据对需求中文字的内容含义进行分析，根据搜索到的图片进行联想，如热气球是一种奇妙的旅行方式、旅途中弯曲的道路，并考虑与游戏元素相结合。最后筛选出奇妙、道路和游戏3个关键词。

当有了设计的方向，在字体设计时可以从连续性、统一性和识别性3个方面进行。

图3-26 字体设计过程

（1）连续性

首先将文字排列出来，将主体文字和日期时间的对比拉开。为了增加趣味性，将"的"字改为"de"，并通过原型将整体连接起来。当文字具备共同的识别特征，才能被认为是一个整体。否则失去了关联，就会使其杂乱无章。无论处理单个文字的横、竖、撇、捺，还是通篇文字的排版方向都要验证所设计的字体的整体是否连贯，如字与字首尾之间可以做适当的连接和组合。

（2）统一性

设计中存在大与小、刚与柔、粗与细等对比关系，在对比的同时也要注意风格的统一性。如主体标题文字与日期时间之间虽然有大小和粗细之分，但当整体都用圆润的文字时，只有在字的外部形态上具有了鲜明的统一感，才能在视觉传达上保证字体整体的韵律感，使人在视觉上感觉舒适。

（3）识别性

字体造型的变化要有度，材质虽然是体现质感的直观手段，设计师仍然需要根据信息传递的本质进行处理，避免形态、肌理过于夸张，而影响了阅读的流畅。如将字体放在一些有色背景中检验是否可行。

Banner中的字体设计好之后，在字体与图片结合的过程中，应考虑文字与整体内容的构图关系、层次关系和协调关系，如图3-27所示。

图3-27　图文结合效果

（1）构图关系

字体在整个画面中的位置与大小的关系是字体的构图关系。

字体作为画面中的重点元素不能独立存在，要与其他图像元素进行组合，并分清主次关系和重属关系，保证受众可以按照视觉顺序去浏览。字体相对于角色图像要略微小一些，这样视线首先更容易关注到角色图像上，然后扫视到字体上。

（2）层次关系

字体所在的视觉层与其他层面的关系是层次关系。

通过主次、大小、远近、前后、虚实、明暗等对比关系，避免过多的层次让视觉失去了次序，就可以设计好层次关系。如果画面中主要为角色图像、字体和背景，那么背景是最次要的、后面的、远处的还是虚化的，明确的定义可以减少扰乱视觉层次的因素。

（3）协调关系

字体设计要着眼于全局，与画面整体协调是设计的重点。

文字线条与整体画面构图应当相互呼应，如果文字与画面各自为政，文字锐利而画面柔美，不能共同营造一种氛围也不是好的设计。衬托图像的选择需要配合字体设计的造型。

3.2.3　场景中的文字设计

游戏场景中出现的文字，比如角色获得的人物称号，战斗中画面跳过的技能数字，副本结束后的胜利、失败文字等。

为什么不直接使用系统字体，而是另外设计美术字体？原因是设计过的字体有丰富的色彩及细腻的质感。游戏能够如此引人入胜，很重要的一点归功于其独特的故事性，把玩家带入一个虚构的世界中，而文字是游戏故事重要的一种表达方式，所以文字的魅力随处可见。

场景提示文字

游戏中不同地图场景都有其独特的背景故事，场景名称的文字，除了具有游戏本身的气质外，同时具备一定的设计美感，可以让玩家进入游戏地图场景时留下愉快的视觉体验。

如图3-28所示，在《古剑奇谭》游戏中，设计师根据每一个场景的故事及特点，设计具有不同色彩、图形和动态的场景名称提示，在某种程度上营造了细腻的情感体验。在对文字进行情感化设计时，需要分析信息的传达类型，对受众群体的审美倾向进行归纳，并围绕信息内容的情感特征进行字体设计。

根据每个场景特色，设计具有不同色彩、图形、动态的场景文字提示

图3-28　场景提示字体设计

· 分析信息传达的类型。

根据文字本身的内容含义，使其笔画结构与文字内容一致。

偏理性的字体造型简洁大气，受众在看到设计后，能够理性思考文字所传递的信息内容。而偏感性的字体以体现夸张的造型来让受众在看到设计以后产生丰富的联想。

· 对受众群体的审美倾向进行归纳。

通过对受众群体的划分，归纳出不同人群审美的共性。字体设计的目的是为了表达情感和个性。不同的字体有不同的性格表现，比如体现卡通可爱的字体、苍劲有力的字体、纤细柔美的字体等。这些都可以在情感上拉近设计与受众的距离。

· 围绕信息内容的情感特征进行字体设计。

具体体现在不同的线条笔画、粗细黑白、架构疏密变化等方面。设计师对不同信息类型、不同受众群体独有的情感特征来进行设计，从本质上突出其个性、气质，让受众可以对字体过目不忘，通过字体就能体验到这种情感的传递。

战斗反馈文字

在游戏副本结束后会出现战斗反馈内容，简单的休闲游戏可以是输和赢，复杂的大型游戏有时还会具有一定的数据对比和奖励信息，在做这部分字体设计时要考虑色彩所带来的情绪引导。

如图3-29所示，《长城》手游的设计师根据战斗胜利、战斗失败、平局分别进行设计。玩家取得胜利的时候，选择明亮的色彩，体现带有喜悦的、庆祝的心理。玩家战斗失败的时候，选择带有冷静的、灰暗的色彩，烘托符合挫败感的心理。有些时候表现战斗失败时会加入红色，目的是激起玩家的复仇情绪，从而继续投入战斗。有的游戏也设置了平局的概念，可以根据所希望达到的效果进行针对性的设计。

在做这些字体设计的时候不仅要考虑人的色彩心理，也需要注意配合整体让视觉得到统一。通过大量的前期准备工作，充分了解所设计字体游戏产品的风格、特色等，多站在需求方的立场上进行沟通，进一步了解这款游戏的市场定位，从而使设计作品更准确到位。

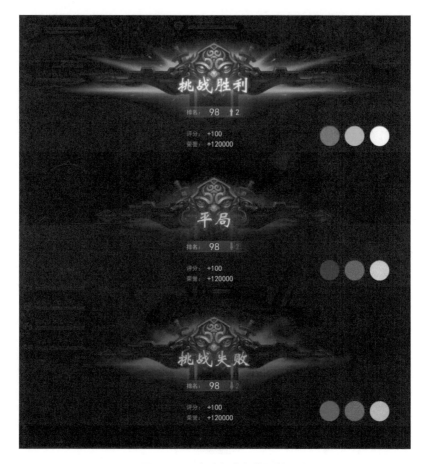

图3-29　胜利失败字体设计

3.2.4　游戏Logo设计

游戏Logo常出现在游戏官网、展会、周边、户外广告、视频宣传上，是一个游戏对外视觉传达的核心，是游戏综合信息传递的媒介。独特的Logo可以传达游戏品质、游戏内涵，甚至是游戏的核心世界观。通过不断地被各种媒体曝光，Logo可以给玩家留下深刻的印象。此外，一个好的游戏Logo能吸引玩家眼球，对日后市场推广、品牌形象建立至关重要。

如何判断一个游戏Logo的好坏

一个好的游戏Logo是一个游戏视觉形象的核心，无论是什么游戏题材、何种风格类型，首先要能够符合游戏行业的外貌特征，其次要能很容易地辨识文字和游戏类型，另外还需要考虑游戏在不同情况下的应用。

（1）外貌特征

不管这个Logo是否好看，首要条件是要符合游戏文化的世界观。欧美魔幻题材的游戏Logo，字体本身带有的尖刺、装饰、炫光等各具特色的设计元素。科技战争题材的游戏Logo，具备枪战类游戏硬朗的造型、独有的金属质感等。中国古典题材的游戏Logo，大多数采用中国独有的书法字体。卡通休闲题材的游戏Logo，如果缺少可爱和萌点，而是过多渲染其他风格的元素，就不能准确传达这一类游戏休闲、轻松的基本特征。

（2）容易辨识

游戏Logo往往为了体现丰富的游戏内涵，多为复合图形，结构层次较为复杂。这就需要设计师在表现手法与游戏Logo文字识别上多下工夫，避免加入过多炫酷特效及装饰元素让整个游戏Logo难以记忆，让人过眼即忘。同时游戏Logo能够将这些复合图形和结构层次，运用到传达游戏类型的地方。游戏Logo的辨识度对比，如图3-30所示。

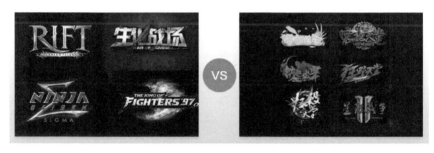

图3-30　Logo辨识度对比

（3）八面玲珑

一个好的游戏Logo不仅好看，而且好用，即在多种多样的环境下能够清晰地识别应用。游戏Logo不仅要能应用于亮色背景，也要能应用于深色背景，可以印刷成黑白单色，还能保证在最小尺寸下可以被清晰识别，不能光是在电脑屏幕上好看，还要充分考虑需要应用的实际场所和媒介的易用性，如图3-31所示。

当一个游戏Logo具备以上条件时，就可以说是好的游戏Logo了。在符合前面3项的基础上，独特大气的造型比例、搭配得当的色彩质感等无一不体现审美的高度和对细节品质的追求。对于设计来说，好是无止境的，优秀设计师，从细节做起。

图3-31　Logo在不同媒介中

游戏Logo基础组合结构

在工作中，设计师常常在短时间内被要求做出多个方案，这就需要平时积累和整理素材。在资料库中分析市面上大多数游戏Logo的结构特点，有大量横向排版也有少量竖向排版，而横向排版中用得比较多的是平均横排、错位横排和对比横排。在这个基础上，加入副标题、图形、数字或者透视，这样同一组文字可以变化出非常多的组合，如图3-32所示。

图3-32　游戏Logo的模板整理

游戏中为了满足玩家个性化需求会有不同的Logo设计，如老的世界观被新的世界观取代，在标准的游戏Logo以外加入新的版本Logo；此外还有玩家有定制私人称号的设计需求。代表新概念版本的Logo有时和最初的标准版Logo从风格上有很大的不同，而私人称号也有别于常规的游戏系统的色彩规范，如黑白这种不常出现的色彩可能会让玩家觉得更加与众不同。

根据需求关键词的不同，相同的文字可以设计出完全不同感觉的Logo。

如图3-33所示，该字体设计整体的感觉希望年轻化、时尚一些，因此配色的主要基调选择紫色和银色。以"魔"字为主，从魔眼、群魔、恶魔等不同的图像中提取图形，将文字设计出相应的动感和张牙舞爪的感觉。

图3-33　魔幻风格游戏Logo设计

如图3-34所示，整体希望有港漫的感觉，因此文字选择中式硬笔加上一点泼墨的感觉，配色的主色调选择黄色和红色。字体之外加入诡异的红月、火焰掌技能来烘托整体的氛围。

图3-35主要以哥特少女为关键词，在哥特字体中提取具有代表性的衬线部分，将文字加入其边角并进行组合。另外加入玫瑰和金属花纹边框来整体烘托哥特少女的感觉。

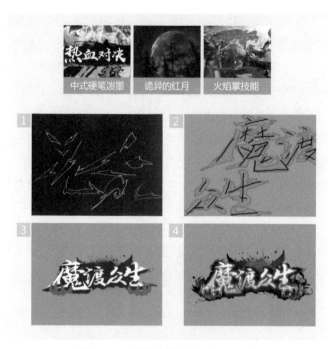

图3-34　港漫风格游戏Logo设计

图3-35　日韩风格游戏Logo设计

　　虽然已有字库，但是在一些特殊情况下我们需要单独对一些字体进行设计。与普通字库字体除了外观造型不同外，更重要的是经过精心设计的字体具有独特的个性气质，这样的字体才能符合该游戏产品视觉统一的效果。

《龙骑战歌》游戏Logo设计

（1）需求从倾听开始

很多时候需求方并不是专业的，很难说清楚自己想要什么、想表达什么，所以他们想把能想到的所有元素都加到Logo上。如果设计师单从专业领域谈，得到的答案大多是一些非真实的信息。设计师需要去倾听并分析其中具有意义的话语、关键词并加以整理。

（2）动手从思考开始

设计Logo前，设计师必须充分了解游戏产品、游戏品类和游戏风格。从游戏背景搜寻可视化符号和标志性的图像信息。抽取其中重要的设计元素及重复出现的视觉信息。

《龙骑战歌》是一款以欧美魔幻世界为背景的3D ARPG手游。通过搜集相关原画场景资料素材，从中提取了骑士、龙、圣器、石雕等关键词，如图3-36所示。

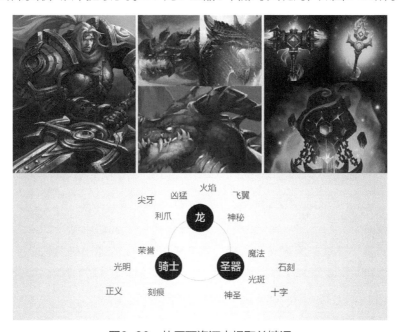

图3-36　从原画资源中提取关键词

如图3-37所示，根据提炼的关键词随意在纸上勾画，最终挑出几种不同方向的字体气质。再根据字体独有的风格添加可以营造气势的元素内容，从而增加Logo独有的个性、气质。

图3-37　线稿草图

（3）沟通明确方向

当得到关于Logo的初步想法的设计草图后，通过列举同类型产品、参考案例分析优劣并与需求方交换设计意见，也可以进一步了解这款游戏未来的市场定位，以保证在大的设计方向上能达成共识，如图3-38所示。

图3-38　不同方向的字体草图

虽然Logo只有方寸大小，但是需求方往往希望它能给玩家带来大量的视觉信息，提出许多要体现的元素设计诉求。事实上，Logo传递出信息越少，越容易辨识，就越容易给玩家留下深刻印象。所以必须对Logo的设计元素进行提炼精简，以保证Logo在视觉上第一时间能向玩家传达出产品的核心信息。

（4）发散构想

大量涌现的游戏产品使得Logo令人眼花缭乱，这在给设计师提供学习参考的同时也限制着设计师的创新思考。为了让大脑保持活力，设计师就要对图形图像信息保持敏感。Logo设计前期已经进行了多种构想，包括图文组成的方式、Logo形状、Logo

的颜色，考虑使用何种色彩、形态、肌理，表现某个特定时期的特定风格。

（5）造型设计

之所以对文字和图像进行整体的设计，是因为希望文字和图像相互呼应、整体协调，共同营造一个气势。人类通过事物的边缘来感知事物，清晰的轮廓可以提高事物的识别度。所以忌元素堆砌、生拼硬凑，反复推敲提炼元素是Logo设计的思想精髓，如图3-39所示。

图3-39　确定一个文字和图像的方案

在这阶段要注意的几点基本要求如下所示。

- 字体是否容易识别。
- 造型整体是否具有视觉美感。
- 字体和图形是否符合游戏的特性。

（6）色彩搭配

色彩是具有情感的，是一种直接的视觉表现。因此，选择一种合适的颜色，能为你的Logo带来颠覆性的变化。每种颜色根据色相的不同，都会具有不同的性格情绪，每个Logo身上的颜色不仅有独特的象征意义，而且具有传达情感信息的作用，如图3-40所示。

图3-40　确定文字和图像的色彩搭配

（7）质感氛围

在绘制整体的色彩结构关系后，进行加强体积感的表现，可以使图层样式快速地找到合适的立体造型，如图3-41所示。当绘制完成到一定程度时，就可以叠加一些适合的材质，如图3-42所示。

图3-41　绘制体积感

图3-42　添加材质

注意元素的主次关系，从关注整体感到细节的把控，加强局部细节刻画，但需要考虑游戏实际的画面风格，把控风格刻度避免走偏，如图3-43所示。

图3-43　细节刻画

假设因为撞击、摩擦产生裂痕和剥落，这些细节能给Logo添加故事性和趣味性。在文字中添加了火焰和一些反光，使整体更加和谐，层次更丰富，如图3-44所示。

图3-44　添加气氛

注意这些细节才能提高整个Logo的品质，最后将Logo置入游戏所需要的界面、海报等进行风格测试，通过调试让Logo与游戏产品的风格协调，从而使设计作品准确到位。

3.3　游戏界面设计

游戏界面的设计主要包括内容结构和视觉要素两方面的设计。其中内容结构是界面的基础交互设计，决定用户的使用方式。视觉要素则是对图形、色彩、文字、布局等进行综合性视觉设计，决定用户的直观感受。不是每个游戏公司都有交互设计的职位，所以很多工作都会由UI设计师独自来完成。

在游戏界面有限的空间中，在设计准备阶段，我们会带着一些问题去思考会出现的各种可能性。不管有没有需求文档，我们都要深入了解自己将要做的东西，无论是通过思维导图还是制作竞品图谱，我们都不能忘记将这些信息及构想与团队的核心成员进行同步。

3.3.1　游戏HUD界面设计

在游戏设计中，一个界面的从无到有，设计师需要对整体有全盘的把控。良好的信息分布能够让用户第一眼就对整个画面产生熟悉感，甚至不需浏览具体内容就能够了解这个界面的很多信息。

把游戏系统分为三部分来说，一部分是游戏核心的系统，比如FPS射击战斗部分、LOL中战斗对抗部分；另一部分是成长系统，比如装备、任务、社交等；还有一部分是运营系统，比如商城、活动、VIP系统等。通常我们首先设计游戏的核心系统，再根据优先级安排其他系统的设计。

如图3-45所示，界面布局的形式取决于游戏的核心玩法及界面内容的多少。根据游戏的类型、游戏的操作频率、游戏具体的信息内容，可以从不同的角度去对界面进行设计。

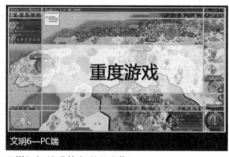

分栏复杂-追求效率-控件密集　　　　　　　　分栏简单-追求放松-控件较少

图3-45　轻度游戏与重度游戏的分栏对比

在框架中对不同的信息进行编排布局，按一定的关系、比例进行分割。重度游戏通常分栏更复杂，追求高效率且控件密集；轻度游戏分栏简单，追求放松且控件较大。

梳理逻辑进行信息分类

首先，确认游戏核心玩法内容及其形式，可以按同类型且熟悉的分类逻辑对内容进行组织。如图3-46所示，当我们设计一款ARPG动作类角色扮演游戏时，动作类和角色扮演类的特色、操作技能及任务查看。其次，根据游戏特点来考虑是否需要人物信息、地图信息和聊天信息。

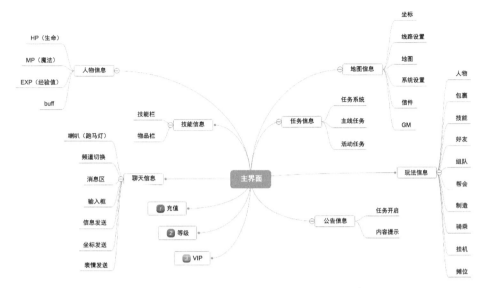

图3-46　常见的ARPG类型主界面信息的心理模型

归纳模块确定信息布局

大型的复杂游戏往往需要经常显示头像、等级、地图、技能等很多信息，因此我们多采用环绕式布局设计。我们可以参考玩家熟悉的游戏布局方式，如图3-47所示，我们看到ARPG类游戏常见的模块布局，聊天信息放在屏幕左下方，雷达信息放在屏幕右上方，技能信息放在屏幕正下方。

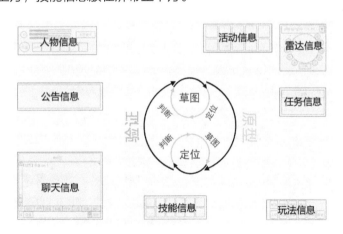

图3-47　用卡片排序方法反复判断和验证

视知觉心理学告诉我们，位置界定了视觉元素在界面中的基本组织关系，视觉元素的距离越近，其相关性越大。比如角色信息区域将玩家需要经常查看的属性安排在一起。我们可以利用卡片排序法，将每个功能写在便签上，然后对重要功能信息进行分类、组织和排序。

遵循行业规范放置内容

在做设计稿之前，设计师首先需要考虑常用显示设备的尺寸比例，如图3-48所示。通过大量分析，我们得出目前常见的显示器比例为16：9或16：10。在做页游时还需要考虑浏览器工具控件的高度，不同浏览器略有区别。

然后考虑可用空间的形状、大小、尺寸，根据需要显示的元素数量灵活组合，精确到像素。如在常见的15寸笔记本电脑中，界面高度最好不要超过500px。因为超过太多会出现界面拥挤或者界面内容显示不全的情况。

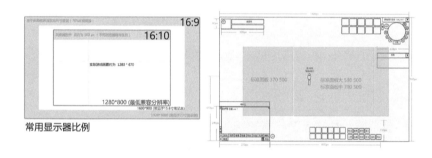

图3-48　根据常用显示器比例确定设计稿的尺寸和内容

与策划和前端沟通，确定选择设计稿的尺寸和必须要放置的内容。有时需要了解行业常规的通用设计，例如在腾讯空间运营的游戏会考虑其平台所包含的特殊尺寸规范和黄钻会员特权相关的活动入口，如图3-49所示。当信息多的时候要考虑如何将元素进行收纳，让信息看起来更轻量。当信息少的时候怎样实现平衡和美感，往往更考验设计师的设计功底。

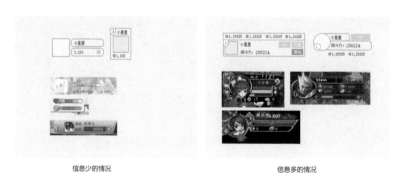

图3-49　不同平台信息多少的不同布局形态

如果在不同平台上的布局形态略有不同，最好参考下该平台的标杆产品，因为标杆产品已经培养出了一定的用户习惯。同时根据自身特点，灵活运用分栏分组，使界面划分明确且协调。判断是否合理需要多沟通和验证，交互设计的改进空间就在身边的用户上。

确定主次要功能的位置

虽然需求上会列出优先级，但是如果你去多问下策划，他们会说每一个都很重要，每一个都想突出。而我们怎么能实现在信息多且都要突出的情况下，让用户找到重点呢？

在投放广告的时候，文字和内容越复杂，用户的点击量就越小。不仅广告如此，各种产品的界面体验都是如此。用户只凭第一感觉寻找他们最关注的、能抓住他们视线的内容。所以我们必须明确哪些是主要功能，哪些是次要功能。

如何区分主要功能和次要功能呢？

仍以ARPG类游戏为例，通过与策划沟通，我们知道这类游戏要突出其操作部分，而玩家需要非常关注自己的血量和技能释放的信息，我们把这部分作为主要的功能，而与任务相关的主线剧情以及与角色成长相关的系统作为辅助功能；剩下的功能就是次要功能了。

如图3-50所示，根据游戏具体内容的数量和重要性进行权衡，合理的归类布局和补齐内容。根据菲茨定律（Fitts' Law）的启示，在页面中大而近的目标区域意味着用户更容易达到，反之小而远的目标区域则意味着需要耗费更多的时间。将菜单栏和按钮放置在屏幕边角位置，相关的内容放在一起，尽量减少不必要的鼠标移动。

图3-50　按照重要程度和需要的频率布局

我们首先确认重要元素的位置，按照重要程度和需要的频率布局。当频繁眼动时，向下看优于向上看。我们将一些低频操作但比较重要的信息放在屏幕上方。高频操作集中在中间和下方，即时变化的信息需要跟随当前视觉焦点。根据游戏的特点，将角色的血量、技能放在屏幕的中间偏下。当概念模型确定后，接下来就是撰写交互细节说明，如图3-51所示。

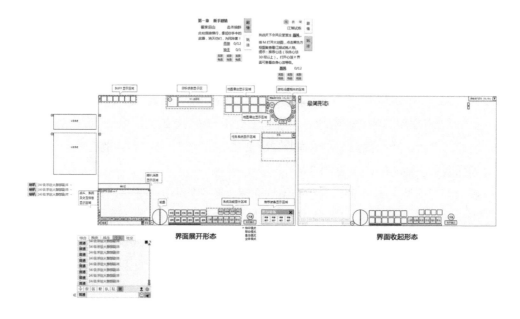

图3-51　按照重要程度和需要撰写交互细节说明

这部分需要具体考虑不同的切换和跳转状态及补充说明。比如有的游戏任务区域需要多个便签切换，每一个切换后所显示的内容是什么；又如除了和平模式以外，点击按钮下拉菜单所显示的其他内容；聊天区域实际的内容切换，以及隐藏和展开的状态。

如何进行视觉层级划分

通常交互布局清晰，但是如果视觉设计师没有理解清楚交互稿的设计目标，做过度的设计，也会让信息变得拥挤，交互布局产生不友好的感觉。因此当视觉设计师接到交互案时，需要充分理解前面确定的功能目的，思考如何通过视觉设计来分清主次关系，更直观地体现差异化。

按照重要程度和需要对视觉进行层级划分，如图3-52所示。高频查看操作区域，由于经常关注，已经给玩家留下了很深的印象，因此加入了更多具有情感化的图形、色彩和元素。但为了不影响信息查看，减少界面中色彩的干扰，使用深色线条和色块需谨慎，同时主次内容通过明暗对比来确定视觉优先级。而低频操作区域，可以设计得更为简洁。

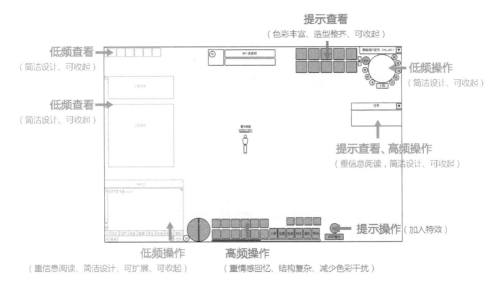

图3-52　按照重要程度和需要对视觉进行层级划分

从草图到视觉设计成品

以重度游戏为例，用户人群年龄偏大且男性居多，通常这类型用户喜欢稳重、怀旧的感觉。设计师提炼相关素材时要留意那些具有复古感的材质和图像。分析访谈不同时期界面的配色和细节给玩家留下的印象，将代表不同时期特点的视觉拼图与团队确认，明确游戏想给玩家传达的具体感觉，最后制定风格方案，与多方达成共识后开始制作。

如图3-53所示，对关键词提炼过后，视觉设计师需要把这些关键词图形化展现出来。这包括构成界面的各种图形风格元素，比如装饰物、纹样图案、使用的原画素材、图标样式、界面的配色、字体的选用、界面控件的风格和质感，乃至各种元素的排版构成方式等。

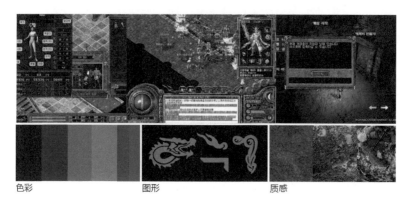

色彩　　　　　　　　图形　　　　　　　　质感

图3-53　提取的图像素材

　　所有可视化的元素都可以作为设计师的沟通工具，快速地向需求方传达设计师期望表达的整体感觉。而设计师需要根据需求方的反馈，不断迭代验证视觉设计所传达的方向是否正确。

　　正式绘制从主界面高频查看操作区域开始。原因是主界面作为玩家记忆中最为深刻的部分，需要通过情感化设计来引起玩家的共鸣。先用单色绘制草图，如图3-54所示，根据题材的故事背景，从屠龙、矿洞、武器这些元素寻找灵感进行组合。从线稿到上色会有一定的差距，因此在和相关人员讨论方案的草图时，最好还是有一定的色彩和质感，能够让需求方更直观地感受到成品的可行性。

草图　　　　　　　　剪影　　　　　　　　黑白稿

图3-54　《热血屠龙》的界面设计草图

　　最终选择的方案为左右两边石龙造型均衡的一版。然后进入细致绘制阶段，提取黑色石头的质感，辅助刻画一些兽骨、红宝石原石和少量粗糙的金属材质。界面框体保持更少的色彩，减少视觉噪点，这样可以更加突出浏览信息和操作按钮，如图3-55所示。

图3-55　视觉设计过程

在绘制过程中，通过经常分析用户使用场景来检查方案，以免因过度追求画面视觉的冲击力而偏离了功能需求的重点。无论是交互原型还是视觉草图都不要过早绘制细节，也不要过早制作动态原型，应与相关人员充分讨论，否则一个小改动会影响整个项目的时间安排。

3.3.2　游戏玩法系统界面设计

大脑能同时处理的信息是有限的，人们更喜欢以轻松的方式去完成复杂的事情。因此一些优秀的游戏在前期采用渐进呈现的方式，随着玩家逐渐深入游戏的一些系统才显示和开放。然而在大量的系统界面中，主要任务不突出或是引导不明确的页面，依然会让用户不知所措。

我们可以从结构规划、流程表达和目标引导三个方面来提高系统界面的易用性。

做好结构规划

首先要明确玩家在使用界面时要完成的任务有哪些，并且将用户任务进一步分解。为了减少信息乱带来的负担，并且突出界面的主要任务，我们将相关的信息进行组合。如何将任务进行分解呢？我们需要从玩家行为出发，理解玩家具体的操作行为。

当接到幸运宝箱这个活动界面需求时，我们看到策划需求罗列了该系统所包含的内容。设计师将自己代入到用户使用场景，想象着在理想状态下玩家打开界面之后，认真浏览界面信息，然后很自然地进行操作。

这只是我们想象的理性且专注的用户，然而事实上我们的玩家通常只是扫视界面内容，偶尔停顿阅读只是为了寻找自己关心的内容，比如心里想着宝箱有什么奖励内容，考虑是否可以抽奖呢？选择开启几次有什么关系呢？

如果没有分析理解，只是罗列信息和堆砌视觉元素，一定会影响信息的接收效率。如图3-56所示，设计时需要在思维导图中将任务分解，确定任务重点，分析玩家有可能遇到的疑问。

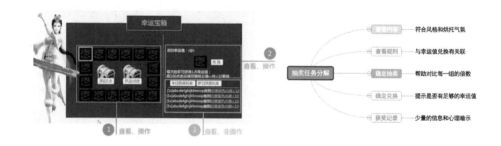

图3-56　将任务进行初步分析并确定重点

如图3-57所示，将这些任务分解成逻辑相关的信息模块，根据"用户想看到的"和"我们想要用户看到的"来为不同模块排列优先级。一般的任务流程是先查看内容和规则，然后确定抽奖，最终得知抽奖的结果。查看规则和确定抽奖属于强关联，确定抽奖又属于主要操作，因此作为主要内容占据画面中央。今日和昨日获奖记录属于弱关联，分开放在右上方。确定兑换属于弱关联且需要操作的部分，它和规则中的幸运值有一定关联，因此放在下方。

和策划再次沟通协商后，需求也有了进一步调整。将之前需求中缺少的抽奖所获得的物品格子放置在抽奖内容的中间。开启宝箱的操作调整为3种选择，并说明每次开启需要使用的元宝数量，依次顺序为：开启1次为10元宝，开启5次为50元宝，开启10次为100元宝，且3个按钮统一放在抽奖内容的下面。

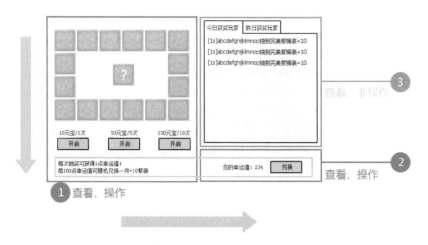

图3-57　根据任务重点进行规划

做好流程表达

如图3-58所示，为了控制好分栏数量，将相关联的任务进行合并，将左侧比较弱化的规则和确认兑换的操作放在下面进行整合。根据内容重要程度不同在视觉设计上体现差异，注意视觉平衡同时考虑实际成品的可行性。

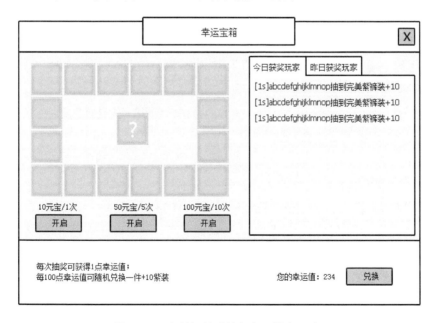

图3-58　合并相关联的任务后的交互稿

如图3-59所示，界面整体的外轮廓看起来像是一个箱子，两部分需要操作的内容分别在箱子的中心部分和底座上面。按钮的色彩明度突出在界面内容的基础上，将抽奖内容区域添加金属花纹等视觉元素。规则文字信息下面添加一块明度适当、不抢眼且烘托气氛的幕布，可以从视觉上将左侧设计得更像是一个整体。这样可以使画面丰富、具有情感，且不会影响玩家对信息的接受效率。

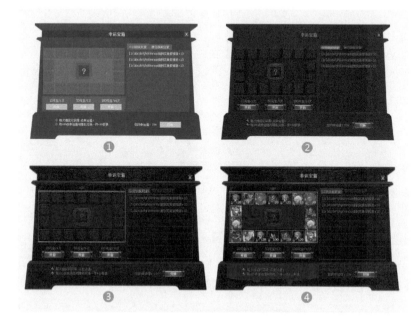

图3-59　视觉设计过程

　　为了整个信息看起来更简单，界面设计中经常会使用对齐和分组的方法。对齐使界面元素有序排布，分组更利于呈现结构层级。逻辑上相关的部分，视觉上也应该是相关的。利用"接近原则"将相关的内容进行组织，从交互稿到视觉稿，每添加一个元素，都要保证信息传递。

做好目标引导

　　在视觉传达设计的语言中，一个成功的构图要包括A和O，即吸引（Attracting）和引导（Orienting)，也就是需要一个主要元素，可以立即吸引目光，然后引导观者注意到其他地方。针对性设计比普通的无特色的设计更有效。

　　人的注意力不是搜索式的，而是焦点式的。在做界面设计时，突出重要的信息，能够抓住玩家的注意力，迅速获得有效信息。在图3-60中，左边的界面视觉容易被龙的造型所吸引，而转盘其他内容相对被弱化了，并且没有明显的可操作按钮。这样信息不明确即使绘制再多的装饰，也是无效设计。在右边的界面中，左侧主要展示游戏中的道具，其次是一个打折的标识，右侧从上至下是道具的信息和可操作按钮，能够给玩家一个清晰的视觉引导。

图3-60　利用对比手法来让玩家理解目标

心理学认为人在感知外界事物时，首先从整体上把握物体，然后按一定的顺序进行局部观察。除了阅读的基本原则，即从上到下和从左到右以外，我们也可以通过设计箭头、序号、对比、中心、填空收集来强化规则，进行引导性的界面设计。

如图3-61所示，箭头常被运用在顺序和方向的引导中，如地图场景中的箭头指引；序号常被运用在序列标记中，如关卡的1、2、3标记；对比常被运用在主次和区分关系的表达中，如焦点状态和常态下的显示区别；中心常被运用在强调汇聚的概念中，如锻造系统中装备放在中心区域而宝石在其四周。

图3-61　利用布局形式的呈现来引导目标

如果不确定目标引导是否做好，可以通过眯眼观察的方法来测试画面内容是否得到合理表达。

3.3.3　游戏活动运营界面设计

运营活动一般可以分为法定假日、产品结点和社会热点三方面。运营活动设计需要将活动信息生动鲜明地展现给玩家，从而获得游戏营收的目的。了解了这些概念，可以让我们在平时更多地关注文化生活、产品周期及热点词汇等，可以吸取不同行业在运营活动方面的优秀经验，以帮助我们思考如何让内容更游戏化、趣味化。

对标题进行文字设计

很多运营活动界面需要通过文字来传达关键信息，然而没有人想看太多文字，因此设计师接到需求后要先分析，站在用户的角度来检测是否能够直观理解。近几年极简风格遍布各种设计领域，看似简单的字体却牵动着整个版式的气氛。文字信息是运营活动非常关键的内容，独特的文字设计无疑是突出重点的最佳形式，在网页设计领域可以吸取这一经验，如图3-62所示。

图3-62　以文字突出的宣传专题

对内容进行故事设计

普通玩家不能很好地分析逻辑，但是可以很好地理解故事。故事化的画面更接近真实，这些有故事感的情景可以给设计带来很多灵感，也可以增加画面带代入感让玩家沉浸在其中。

如图3-63所示，在左侧的活动通知页面中，信封的出现引发记忆中的情感，区别于普通的冰冷通知。右侧是特殊的节日活动页面，用心形巧克力礼盒区别于平淡的罗列，在画面中建立一种仪式感，轻而易举地打动了人心。

图3-63　以故事进行设计的活动专题

以排行榜系统做特殊化为案例来说，常见的排行榜的基础布局如图3-64所示。当游戏想以排行榜作为运营特色，希望玩家打开排行榜界面能感受到皇权的尊贵，对排行榜的内容更感兴趣，我们需要将其设计得更有吸引力。

图3-64 排行榜基础交互原型

为了让玩家与排行榜有更深入的情感联系，我们要从内容和视觉两方面进行设计。内容方面突出角色的头像、不同的榜单，加入角色的形象展示。视觉方面从游戏背景进行分析，比如游戏定位于偏东方历史架空背景，可以选择中国古代的圣旨、皇冠这些图像进行排行榜联想，如图3-65所示。

图3-65 排行榜联想

想到影视剧中皇帝桌面堆积的圣旨和奏折，将三种榜单的标签用三个卷轴的形式组合在一起。当点击排行榜按钮时，卷轴弹到画面中心并自行打开，默认展示游戏内前几名的游戏玩家。在详细的等级排行页面上，左边是列表信息，右边是玩家的角色形象，如图3-66所示。

设计师通过故事来将文化还原到游戏当中，给玩家以丰富的体验。电影制作中通过运用不同的调色板、色调、对比色来为恐怖或欢乐的剧情选择合适的灯光和色彩。不同玩法类型的界面具有不同的故事性，将其加入不同的色彩变化会增加戏剧性色彩，产生更强的代入感。

系统设计应该思考其主要功能，并不是所有的活动界面都需要特殊化设计。虽然设计方法很多，但是适合的才是好的。

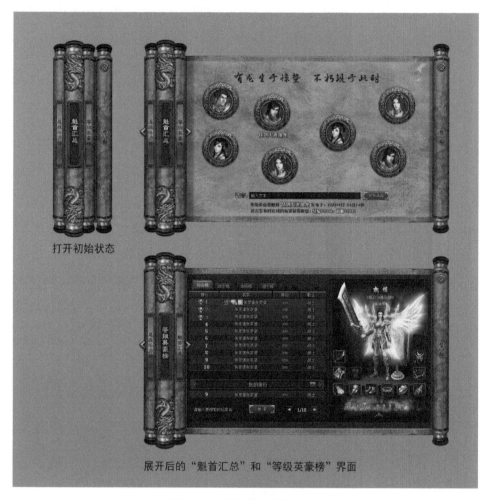

图3-66　排行榜视觉效果图

对空间进行情境设计

　　游戏系统中不缺少拟物的画面，而丰富的情境烘托更适合活动页面的设计。空间的出现很容易将人的视线拉到图像营造的视觉中心，达到展示的目的。很多创意方法都可以组合使用，只要达到设计的目的并且合理都是可行的。

　　如图3-67所示，活动页面通过影视和动画中人们熟悉的场景，将中元节的莲花灯、藏宝图前的水晶球作为玩家与页面互动的媒介，能引起玩家与内容的共鸣，增加页面的趣味性。

图3-67 具有空间情境的游戏活动专题

如图3-68所示，当接到需求后，我们首先和策划沟通，确定主要功能，分析文字标题是否可以通过简化更加清晰直接地表达主题。

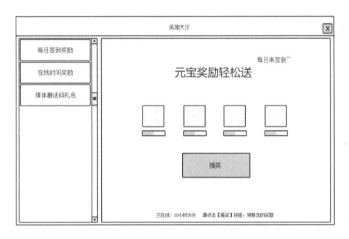

图3-68 活动界面交互原型图

从一些抽象零散的形容中提取对设计有用的关键词，通过对关键词从抽象到具象的分析，可以帮助我们搭建符合情境的空间，如图3-69所示。

图3-69 将抽象的形容词具象化

首先按照交互布局放置内容，按游戏已有风格进行配色。中国风的游戏选用毛笔字作为主要字体，可以通过毛笔字在线生成器（http://www.akuziti.com/mb/）快速输出字体。将奖品区域绘制成古代铜器的造型，按钮闪亮且立体。然后按空间距离放置元宝，添加背景的幕布和地毯，如图3-70所示。

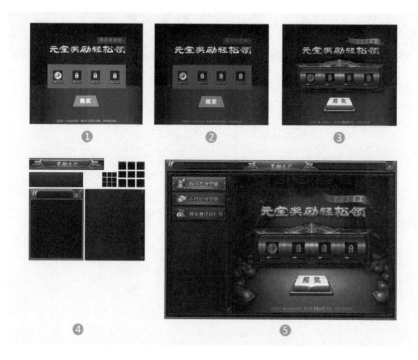

图3-70　活动界面的视觉设计过程

好的运营活动应该做到吸引眼球、减少思考、乐于参与。运营活动忌讳标题不明确、信息不负责的罗列、不相关素材的堆砌，这些都会造成画面的不协调，从而难以搭建一个具有信任感的界面。

3.3.4　游戏反馈界面设计

在游戏中为什么代入感和反馈感那么重要，甚至涵盖了交互设计的核心内容？因为人类的天性就是凭主观经验去认知和判断。尤其是在玩游戏这种放松的环境下，用户更难客观理解和认知。因此及时反馈会减少玩家失望无助的负面体验，良好的反馈也会提高玩家对游戏的掌控感。

在设计中尽量避免滥用反馈提示，不太重要的反馈提示可以默默地消失，减少玩家操作。总结几点在反馈界面设计中常用的方法，如反馈要及时完整、有始有终，并且有时候要生动有趣。

反馈要及时完整

当玩家需要快速完成选择时，帮助他们提供及时的反馈。

为何玩家需要获得及时的反馈？

这源自人类与生俱来的学习和调节机制。在完成行动后（200～400毫秒）或行动期间给予玩家相关反馈，能够帮助他们更好地处理行动与结果之间的关系。尤其是在紧张的游戏过程中，及时地反馈能帮助玩家迅速了解当前状况并做出决策。当整个游戏过程顺畅时，玩家更容易沉浸在游戏中。

如图3-71所示，左边模拟了玩家在游戏中，反馈速度高过某一阈值时，导致玩家反应不过来，造成无效的信息。右边整理了不同事件触发的反馈内容，提示玩家信息及可以进行的不同操作。在一个任务的不同阶段，需要让玩家随时掌握任务的状态，如获得任务、任务进行中、任务结束。如在限时运镖的活动中，需要提示报名开放倒计时、报名的按钮、是否已截止报名、可以邀请组队、组队邀请中、运镖开始倒计时、运镖中的进度、运镖完成等不同的反馈信息。

反馈速度过快会造成无效信息　　　　　随时掌握不同信息和可操作状态

图3-71　《怪物猎人》反馈界面分类

反馈要避免打断

不要让玩家感觉被打扰，避免过度反馈。

例如二次确认不允许反悔，能忽略的东西就不要用模态控件在界面中心弹出；不重要、频现无需操作的反馈信息用超轻的提示方式来反馈。比如为了体验真实的拖动过程，将物品从背包中拖出并丢弃；如果不是很重要的物品，没有必要再次弹出"您真的要将某某物品丢弃吗？"的对话框，用一个"嗖"的声音伴随物品丢弃反而让人感觉很爽快和自在游戏《魔兽世界》中一些不重要的信息如获得一般物品和低级的攻击，仅在聊天区域记录，如图3-72所示。

图3-72　《魔兽世界》聊天区域的获得物品和战斗信息

反馈要生动有趣

希望玩家能够产生惊喜，需要为不同类型的反馈做差异化设计。

某些提示信息总是使用对话框等控件来反馈会引起玩家不良的情绪，比如在强调对抗的游戏中，战斗时应该减少干扰，表现手法会更真实、生动。比如从天上掉落一堆金币比弹出一个对话框告知奖励一千金币要生动得多，但是也需要考虑金币是否对玩家有吸引力，如果获得这些金币并没有太大作用，那么这种生动就是无意义的。

《功夫熊猫》手游在角色被重击时以一种扒屏的形式表现，增加了反馈的趣味性，如图3-73所示。

图3-73　《功夫熊猫》的扒屏

此外，需要注意反馈信息的固定区域，即使变化的信息出现在当前焦点的附近。同时要根据不同的游戏类型来权衡其在游戏界面内的视觉力度。

- 强调探索类的游戏可以强调新地图的开启。
- 强调社交类的游戏可以着重强调成就获得。
- 强调战斗类的游戏可以强调怪物击杀状态。

《激战2》游戏的一个特权就是探索地图，开启新区域地图的提示非常显著，更加强调玩家对游戏世界的探索，如图3-74所示。

图3-74　《激战2》游戏新篇章的提示

根据不同的反馈提示类型，加入相应的声音、振动或者动画，可以增加游戏体验的丰富性。一些手游中表示主角不幸身亡的时候也会有振动的效果，不过越强烈的效果越应尽量克制使用，不乱用为好。

有些需求方会对又大又酷炫的Boss血条情有独钟，这与游戏角色和场景本身不具有足够的吸引力有一定关系，也是从单一的视觉维度去思考，不能普遍适合所有的游戏体验。《怪物猎人》在战斗中去掉了这部分UI元素，这与游戏特有的世界观和玩法有一定关系，如图3-75所示。这是一个真实的狩猎世界，如果我们置身于这样的世界中会怎样辨认怪物的状态呢？从怪物身上的血迹、伤口、行动的迟缓等。人在紧张的状态下没有办法注意到更多的信息，越多的分散注意力越容易让人从虚拟世界中脱离出来。当玩家看着Boss被打趴下又迅速挣扎起来反扑时，玩家会集中注意力将其消灭，而不是一边看着血条状态的反馈，一边喝着咖啡。

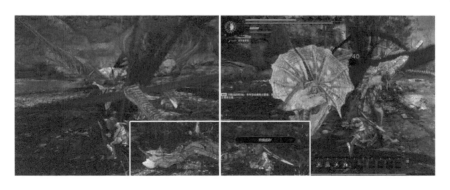

图3-75　《怪物猎人》战斗中的反馈

比较重要的反馈提示界面出现时，可以用黑色遮罩屏蔽背景的所有内容。这种情况通常对玩家的干扰比较大，如果不是需要退出游戏之类的提示，尽量不要强迫玩家停止操作。一般应用在玩家刚刚经历一场比较久的战争或者副本情况下，刚好可以在稍作休息的时候慢下来欣赏。当玩家充值后没有明显的提示，虽然可能会提高游戏营收，但同时也是对品牌人格化的一种消耗。

所以，任何违背用户习惯、常理，或者没有上下文的新内容，缺少操作反馈都是不良的用户体验。只有理解了代入感及反馈感，我们的设计才会容易被用户所接受，只有先引起共鸣才能达到惊艳。

3.3.5　游戏界面动效设计

动效是游戏交互中必不可少的，合适的动画会引导用户对操作逻辑的理解和记忆，当一个操作之后，从当前状态变为另一个状态的过程，或者一个对象是怎样消失的、怎样产生的，从哪来到哪去都可以使用动效。在内容繁多的情况下，动效可以抓住玩家的注意力，让他们把注意力集中在体验上并产生一定的愉悦感。

据视网膜与视轴相交的功能区划分，从视网膜中央窝向外由近窝区到边缘视觉，视觉对静态细节的敏感度逐渐降低，如图3-76所示。近窝区善于注视和读取中央窝的信息，边缘视觉善于捕捉运动和对比。虽然两者之间不断地切换，但是对运动的敏感度下降并不明显，这使得动效在很大范围内被注意到。

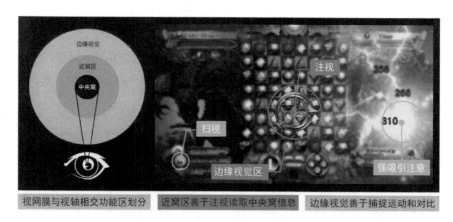

图3-76　动效从生理上高度吸引注意力

有太多表现优秀的例子和模板值得我们学习，而我们需要知道如何正确找到合适的动效。按照动效的作用和表现形式由简到繁的顺序，可以从功能性引导、物理性强调和趣味性创新三方面来将动效设计目的进行区分。

功能性引导

以新手引导为例，动效起着吸引玩家注意力的作用，复杂的操作流在合理指引下，也很容易在短时间内被玩家接受。这也是交互设计的最终实现目标之一，即在没有说明的情况下，能够让用户快速理解并且上手，实现所谓的"第一眼，我就知道怎么用"的效果。

如图3-77所示，手游《斗战神》的新手引导，能够帮助玩家快速理解并且上手游戏，当玩家完成一个步骤，指引他接下来做什么，并慢慢养成一种习惯。一个动效需要符合功能性的目的，让玩家很容易理解发生了什么，怎样是对的，让玩家产生一种对游戏的掌控感。

图3-77　手游《斗战神》的新手引导

保持一致的交互形态可以让感知变为可预见性的。交互动效最基本的功能就是展现界面与界面之间的转换，界面的开启与关闭。而动效就表现在触发与结束的过程中，表现清晰的层级关系，让引出与结束更自然。

物理性强调

现实中的物体不是突然加速和立即静止的，越有力量的动作一定越有强弱的节奏对比。比如当我们拉开冰箱门时，首先要使劲产生加速，当门打开后再慢下来。弹球运动最能说明这一道理，当球体从高处落下时，首先是越来越快的下降，当接触地面后回弹，最后慢慢静止下来，如图3-78所示。

这种状态在动画中被称为逆向缓冲，通过这样的方法可以增强动画的力量感。这其中加速曲线又称"缓进"，界面离开屏幕全速进行，并且不会减速。减速曲线又称"缓出"，界面以全速进入屏幕，然后慢慢减速静止在某一点。设计师可以使用Easing函数速查表，通过Easing Curves所指定的动画速度，让效果变得更加真实和丰富。

动态的快慢可以表达不同的情感含义，运动很快的动画可以运用在很紧急的消息提示上，而运动较慢的动画可以起到比较温和的提醒作用。动效设计需要考虑游戏系统的定位，不同的系统如应用类和娱乐类的系统需要区别效率和趣味性。在相同认知程度的基础上做创新才能让特定的用户群产生共鸣。

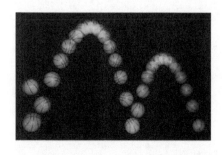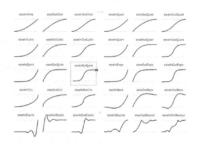

THE BASIC "BOUNCING BALL"ACTION   https://easings.net/zh-cn

图3-78　Easing函数可以指定动画效果的速度

趣味性创新

在满足前两点的基础上加入一些趣味性，在千篇一律的动效中能让人眼前一亮。娱乐用户的同时加深品牌效应，让用户一想到或一看到就能想到这个产品，那么什么样的交互具有趣味性呢？通过观察很多优秀的作品不难总结一些规律，那些具有独特个性的、情感化的动效设计，最有趣也最容易打动人。

如图3-79所示，《阴阳师》中加入了非常多的趣味性动效及交互设计，比如游戏载入中的界面通过屏风的设计，丰富的图形结合游戏题材，给人一种观看舞台剧时幕布拉开的感觉。又如在抽卡时加入了有真实代入感的画符文的过程，让为了抽到SSR的玩家甚至讨论起玄学，给游戏带来了更多娱乐性。

动效设计的方法有三种。

（1）拟物化

形式上的一定拟物和仿真会带来奇特的效果，拟物化的动效也可以在视觉上扁平化，而在动态节奏感方向更接近真实的拟物化会让玩家感觉亲切。

如图3-80所示，《保卫萝卜》中有大量的拟物化界面，并且交互方式也模拟了物品真实的状态，如把每日签到包装成照相机的形态，界面操作带有照相的闪光和声音，已签到是一张照片的状态。这样给游戏系统增加了更多奇特的感觉。

图3-79　《阴阳师》中的趣味性动效和交互

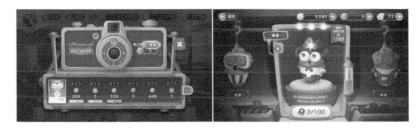

图3-80　《保卫萝卜》中的拟物化动效和交互

（2）拟人化

惯常的功能提示、描述性句式大家运用得很熟练了，但除去冷冰冰的文字，还可以试试让交互拟人化并具有一定的肢体表情，根据产品特性学习网络段子手们的表达方式。

如图3-81所示，《多纳学英语》中的游戏部分有大量的拟人化教学，比如提示你右下方的操作，角色的眼睛就向右下方看；当读到某一个角色的单词，该角色会出现微笑的表情、欢笑声、可爱的肢体动作和晃动放大的强调；当每一段完成后，多纳小狮子的形象会微笑着飞吻，并做出向屏幕击掌的互动动作。

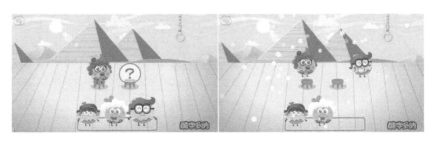

图3-81　《多纳学英语》中的拟人化动效

（3）情节化

真正打动我们的通常都是故事中的某个简短的情节，因此适当地在某些地方给用户讲个有情节的故事，来尽量消除某些情况下用户的不安和不爽。

如图3-82所示，《光明大陆》的地图开启界面模拟真实场景，通过解锁装置的动效设计，整个过程让玩家感觉仿佛置身于神奇的魔法世界。开启后观察晃动的地图、昏暗的边缘、蜡烛的光线、羊皮纸上的封蜡等细节让玩家仿佛置身于真实的情境之中。

图3-82　《光明大陆》情节化的地图开启界面

如果一个动效遵循整体规划的设计定位，那么它就是一个有效的功能动效。如果它不与逻辑目标相符，那么它可能就是多余的，需要重新考虑这个动效存在的意义。动态需要有规律性、一致性和一定的克制。在UI规范中加入动态规范及说明，可以更好地对UI的品质进行控制，同时帮助程序实现效果。

"这个外发光到底是怎么理解的？""我无法想象这个界面动起来是什么样的？"在研发中有很多这样的问题，我们可以通过提供详细的动态说明、高仿真的Demo或是时间参数来让动态设计师更清晰地阐述自己的设计理念，帮助程序和策划理解创意和问题，如图3-83所示。

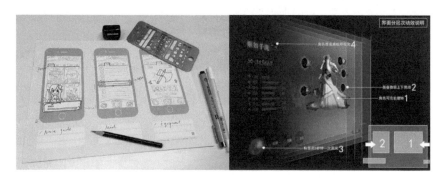

图3-83　在纸上原型中思考动态交互

3.4 可视化界面设计——文韬武略界面设计

大部分界面设计已经完成后，如何在风格统一的前提下，让玩法界面更有可玩性呢？我们知道通过分栏分组的方法编排文字便于玩家阅读。但是阅读和理解是不同的，对于目标较明确的专业玩家，可能看一下文字大致了解就能参与游戏，而对于目标并不明确的普通玩家，则需要通过更多的情景渲染来吸引他们，玩家被吸引才有可能尝试并完成任务。

在案例中左边的文字区域对玩法进行描述，右边通过图像让玩家直观地感受到游戏场景，如图3-84所示。虽然界面结构简单，但是由于文字规则太多，并不容易阅读和理解，配图内容表达也不够直观。那么如何让界面更有吸引力，让玩家更愿意参与完成任务呢？

图3-84 决战比武岛系统界面初版

首先要了解玩家需要什么和我们希望玩家看到什么，然后力求表现形式能够符合玩家的心理模型。为了能让内容更简单更有感染力，我们要对界面的内容进行再次分解，如图3-85所示。

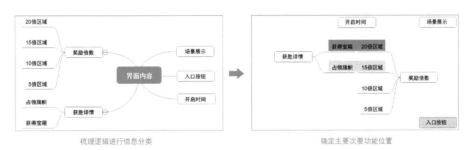

梳理逻辑进行信息分类 确定主要次要功能位置

图3-85 提炼主要信息并确定位置

通过内容模块优先级的划分，确定主要传达给玩家的信息是奖励倍数和获胜详情，将这部分内容放在界面中心区域，并进行头脑风暴，找到进行可视化的参考模型，思考如何将这些内容进行联系，如图3-86所示。

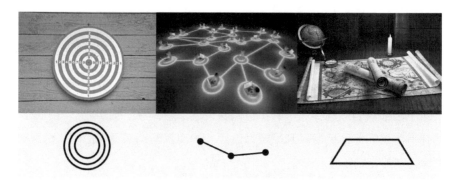

图3-86　可视化的参考模型

　　最终挑选可实际运用的靶子和连接点，将奖励倍数进行可视化，将这部分内容和场景的地图进行结合，并在相应的倍数区域放入旗帜和宝箱。在首个界面中去掉不重要的文字信息，可以在后面游戏进行中逐渐呈现给玩家，当鼠标滑动到相关区域，通过弹出Tips进行补充说明，如图3-87所示。

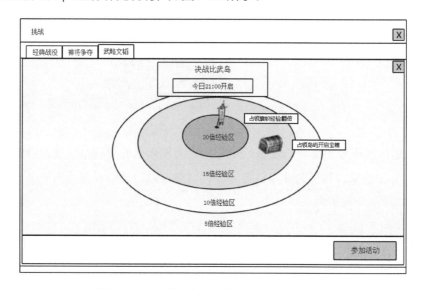

图3-87　决战比武岛系统界面交互布局迭代

　　在视觉设计阶段，为了突出活动可以获得宝藏，可以把画面聚焦于放着很多金币、珠宝及武器的桌子上。图3-88中展开的竹简上展现着地图和炫光，让玩家感受到宝藏和战斗的信息，并且渲染了一种神秘的情景。在地图中岛屿的中心区域放置着旗帜，第二区域放置着宝箱，可以让玩家直观地理解规则，并且通过从黄色到橙色递进来说明每个阶段的奖励强度。

图3-88　决战比武岛系统界面迭代版

通过迭代后，新手玩家不需要阅读文字也可以非常直观地了解进入这个系统的每个阶将所获得的不同奖励。对于更多的愿意体验但目标不明确的玩家，我们需要充分的换位思考，通过将文字和场景图形可视化的方式来给玩家呈现友好且具有吸引力的界面。在理解产品的同时，设计师应该勇于抛弃不需要的功能，保证玩家一眼可以看到重点内容。

3.5　隐喻化界面设计——王土割据界面设计

"当应用中的可视化对象和操作与现实世界中的对象和操作类似时，用户能快速领会如何使用它。"*IOS Human Interface Guidelines*一书是这样解释隐喻对体验的影响的。

如图3-89所示，案例为大规模玩家对战的玩法，每一个地图需要对应等级的玩家才可以参与，并获得一定的物品和经验奖励。玩法中割据战开始时，九张地图会刷新旗帜，作为军团长的玩家需要去抢旗。

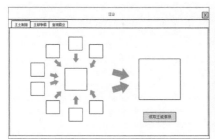

图3-89　活动初始交互原型和视觉设计稿

首先明确迭代的主要目的是让玩家参与军团战，如果想争夺中原霸主的地位，就需要征服更多的领土，战线全面爆发并蔓延至九州大地。而第一版界面虽然体现从小的城池到大的城池再到国家，但是并不能让玩家直接代入历史事件中。

我们要把自己代入真实的历史时期，军营主帅正在和将领们讨论作战方案的场景中，他们面前有一张地图……通过隐喻设计模拟历史文化原型以帮助玩家理解系统，如图3-90所示。

图3-90　隐喻化设计参考模型

确定好地图区块后，调整配色、加入材质、添加箭头和城池标签，逐步完成视觉设计，如图3-91所示。当军团成功占领城池后，军团所有成员都可以在该城池中进行征税，军团攻占的城池等级越高能获得的物资就越多，这些也通过图标体现在界面中。玩家只要点击自己军团占领的城池，系统就会播放手拿城池旗帜摇晃的动作。隐喻化设计也可以在情感和易用性之间形成平衡的关系。

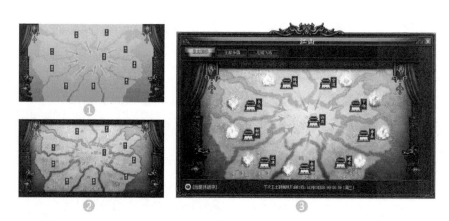

图3-91　活动实际的效果图

3.6 本地化界面设计——秦美人北美版界面

很多游戏上线后都会在海外发行国际版，我们追求可以适应国际化的设计，但是不同国家的本地化有其特殊性。因此，在设计过程中需要考虑不同国家的文化差异导致的审美差异和习惯差异。

图3-92为初版的VIP系统界面，因为上线后效果不理想，所以需要重新设计VIP系统。

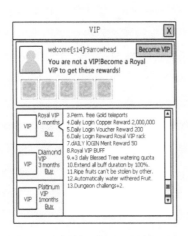 

图3-92　VIP系统初始版

首先对初始版界面进行问题分析。一个比较流畅的购买流程通常是玩家打开界面查看，对比不同类型的VIP内容，然后进行购买。而我们之前设计的玩家查看VIP内容，需要频繁切换不同的标签页，影响了阅读和操作的流畅性。并且购买方式表达不够直观，文字链接在界面中不能进行明确的购买引导。这些问题让玩家对界面缺少控制感，直接影响体验和购买率。

通过帮助玩家做对比，引导玩家做出选择这个思路，将3种VIP类型通过卡片的方式直观展现。这样便于用户做选择，减少用户疑问和反复切换的操作。突出按钮对玩家进行视觉引导，以最直接的方式呈现便于玩家购买。界面内容清晰有条理，会给玩家留下良好的印象，如图3-93所示。

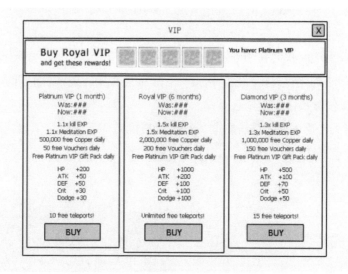

图3-93　VIP系统迭代交互原型

在视觉优化方面，考虑欧美用户比较钟情于简洁严谨的风格，颜色使用方面避免过于花哨艳丽，限制同时显示的颜色数。考虑到过于清爽的浅色不适合游戏整体的风格，选择国际上较为公认的尊贵色——金色作为通用背景色，并加入古典的纹饰、绸缎和光斑。因为美元是绿色的，所以充值相关的按钮选用绿色，如图3-94所示。

图3-94　VIP系统迭代视觉界面

考虑到风格的统一性，与VIP相关的Banner、弹窗的视觉元素要统一，并遵循一定的网格布局，规定文字、图形的排版布局。通过视觉元素的规范，不仅在一定程度上减少了后续的工作量，而且使玩家对游戏建立了一定的信任感，如图3-95所示。

Got VIP?
Gift VIP, today!
Buy Royal VIP
Buy Royal VIP
Oh no, looks like your VIP has expired!
Do you want to keep your benefits?
Renew VIP now!
Renew VIP

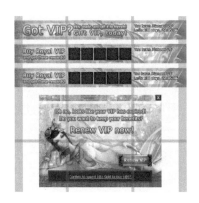

图3-95　统一风格并遵循一定的网格布局

文字使用方面需要规范好程序用字和美术用字。同一段落避免字体加粗，以免不同浏览器配置文字显示错位。字母之间要保持同样的间距，文字间距要配合字体大小调整。如果视觉上间距不统一，尝试转换“视觉标准”，不能自动调整的问题，采用“ALT+←”手动调整。习惯方面，“：”后面空格后再输入文字，如图3-96所示。

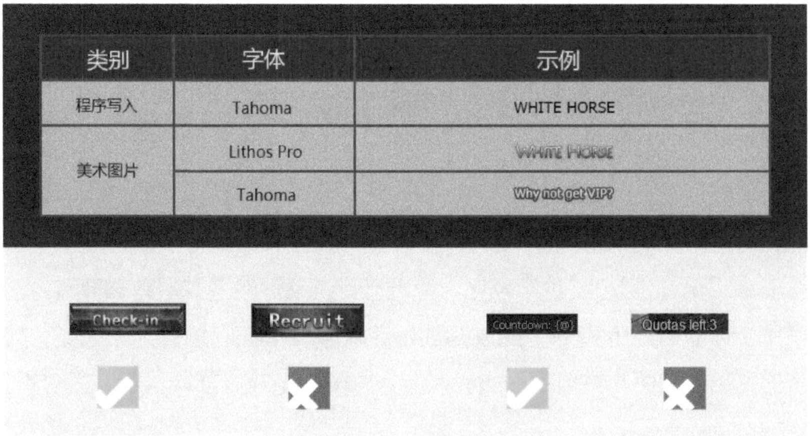

类别
字体
示例
程序写入
Tahoma
WHITE HORSE
美术图片
Lithos Pro
WHITE HORSE
Tahoma
Why not get VIP?
Check-in
Recruit
Quotas left:3

图3-96　文字相关的规范

此外，按钮上的文字易采用欧美网络上常用的单词，比如“加入”这个词选用“join”而不是“participate”。介绍游戏故事的文字需要采用高质量的翻译，比如孙悟空的七十二变不是每个欧美玩家都能理解的。一些调查结果显示，欧美玩家更喜欢购买让游戏变得简单方便的道具，但是不能完全认同为了赢得胜利而去付费的行为。

3.7 提升转化率设计——游戏登录前期迭代

不是游戏上线了，设计师的工作就结束了。迭代优化是一个循序渐进的工作。现实中很多情况导致产品不能以最佳状态呈现给玩家。提升转化率是游戏运营策略中最重要的一方面，可以在短期内提升游戏的价值。游戏的运营与研发合作，针对游戏初期转化率进行不断调试，从研究分析、挖掘问题、优化方案、评估结果几个方面入手，根据数据反馈做出相对应的改版迭代。

研究分析

这次研究将玩家进入游戏的过程划分为游戏外部、游戏内部和开始游戏三大阶段。运营和用研进行数据采集和数据过滤，根据不同阶段的数据结合自身游戏及同类型转化率高的游戏进行分析，如图3-97所示。

图3-97 各阶段的玩家流失率

挖掘问题

明确目标用户的构成和审美取向，分析设备类型和每个分类的流量。

如图3-98所示，用户年龄年轻化，普遍接受过高等教育并具有较高收入。从玩家角度挖掘每个体验节点的痛点，经过筛选和深入分析，将问题分为三大类，如策划相关、程序相关和UI相关，并且每一类都从游戏内部和游戏外部两大环节去分析。

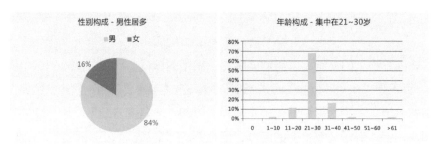

图3-98 游戏玩家的性别与年龄构成

策划相关的游戏外部问题表现在广告文案方面，原因是缺少吸引力；游戏内部问题是创角过程，原因是步骤太复杂。程序相关的游戏外部问题在登录页上，原因是加载出错；游戏内部问题在loading页上，原因是加载慢并且出现黑屏。UI相关的游戏外部问题是宣传物料，原因是内容传达不够明确；游戏内部问题在创角过程中，原因是太多复杂的花纹堆积，造成干扰太多，如图3-99所示。

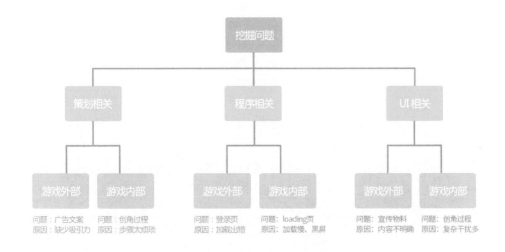

图3-99　从不同角度深挖问题

优化方案

根据问题原因和结论可以得出，进入游戏的过程会从视觉体验和时间等待两个维度造成用户流失。因而根据创角界面、游戏加载的资源量及顺序等方面的问题制定优化方案，如图3-100所示。

	视觉结点	优化方案
游戏外部	广告图	一致的美术风格以提升品质感
	文案	加入具有情绪号召力的词汇
游戏内部	账号登录	减少操作步骤
	创角界面	突出角色和减少不必要的信息
	loading	资源更小更少，让加载速度更快

图3-100　针对视觉结点制定的优化方案

（1）广告图

优化前的问题：

· 与游戏内容不贴合。

· 缺少前期规划，视觉风格散乱。

· 文字信息过多，文案无重点。

优化后的优势：

· 内容与游戏主题相关，并突出活动内容。

· 同一批广告图做到不同尺寸一体化的视觉风格，以增强代入感。

· 通过游戏特色国战页游来不断强化游戏价值。

广告图优化前后的对比，如图3-101所示。

图3-101　广告图优化前后的对比

（2）创角界面

优化前的问题：

· 为了突出重要性，过度设计，喧宾夺主导致眼花缭乱。

· 按钮装饰过于花哨，淹没在环境中，操作区域无点击感，位置不一致。

优化后的优势：

• 突出人物，一目了然，目的明确减少了不必要的信息。

• 尝试获得登录页面开始按钮的点击数，保证操作实时反馈。

• 为黑屏和卡住的玩家提供刷新操作的入口。

创角界面优化前后对比，如图3-102所示。

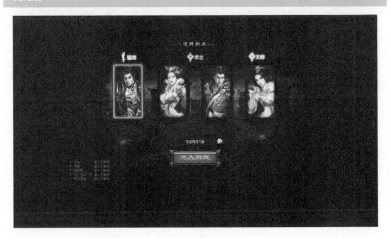

图3-102　创角界面优化前后对比

（3）loading页

优化前的问题：

• 动画资源随意添加、层次混乱，影响用户判断。

- 进度在80%的时候比较慢，需要查找加载项。

优化后的优势：

- 使资源更小，避免未加载成功造成的大面积黑屏。
- 将加载拆分成更细的步骤，将用户感知素材的步骤进行分布添加。

loading页优化前后对比，如图3-103所示。

图3-103　loading页优化前后对比

评估结果

如图3-104和图3-105所示，与游戏相关的图片虽然窗体拉起数较低，但是最终各项数据较好。从某种角度可以理解，与游戏相关的图片对用户群进行了优先筛选。两批用户的双周付费渗透相近，但优化后的双周ARPU较高，基于同一批用户范畴，用户差异不会太大，可能存在一定大R的偶然性。

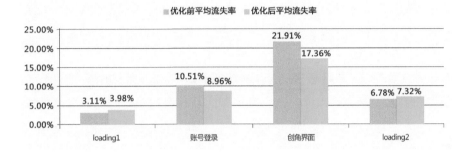

图3-104　优化报告数据结果

	游戏外		创角过程			游戏内						相关性	
	整体总转化	游戏外转化率	游戏内转化率	新进人数	次日留存	当日收入(万元)	首周收入(万元)	双周收入(万元)	双周付费渗透	双周ARPU		与选区页	与游戏性
	119552(持平)	53.59%(周)	68.42(周)	40635(周)	13.90%(周)	2.36(周)	15.24(低)	27.31(低)	2.34%(低)	286.7(低)		无关	有关
	122525(持平)	28.62%(低)	62.38(低)	21880(低)	12.31%(低)	1.99(低)	25.6(高)	47.87(高)	2.39%(持平)	493.7(高)		无关	无关

图3-105　同广告位不同广告图测试

广告图与选区页保持一致，是一次从广告到游戏内的完整优化，如图3-106所示。优化后游戏内转化率提升5.17%，整体转化率提升0.79%，人均付费量也有很明显的提升。

广告图　　　　　　　　　　　　　　选区页

图3-106　广告图和选区页保持一致

过去几年里，我所在公司的多款游戏项目在研发前期、中期及后期开展了很多测试，既有公司内部的测试，也有由发行商负责的游戏易用性测试，具体内容包括摄像机记录、问卷调查、定位玩家群体等。

当团队查看测试结果时，我们发现特别是在易用性测试方面让人感到很遗憾，因为很多问题都是我们可以预估的，但是由于很多原因在测试期间我们没有做到足够好，这启示我们尽早由核心团队之外的人做测试是多么重要。

优化过程也是整合测试的开始，某些修改可能会很快显现积极的结果，但也有时候根据数据无法完全判断。科学的分析固然巧妙，我们也需要从自身专业的角度做出判断。设计师需要具有全局观，坚持设计方法论，并且与用研紧密配合，不要因为结果不满意而气馁。

设计师需要明白，不是做了研究就能够解决问题，也不是每个研究都能解决问题。数据研究的积累，可以提升设计师对用户、产品的感知能力，透过现象看本质，将各种方法论的无意识变为有意识，更敏锐地对问题做出判断，才能更快速地适应变化。

3.8　现有IP还原设计——《古剑奇谭》游戏UI设计

初期定位

中国古代的仙侠文化拥有一大批的忠实粉丝。喜欢《古剑奇谭》的人都有一颗追求古典之美的心。因此UI设计初期要确定目标用户的构成、审美取向、色彩喜好，通过研究我们发现目标用户呈现年轻化且以男性用户为主，他们易于接受新颖的展现方式。图3-107是《古剑奇谭》的用户年龄分布和性别分布。

图3-107　《古剑奇谭》的用户年龄分布和性别分布

核心思想

采集目标用户现实生活、网络日志的信息，通过了解其所思所想形成同理心，如图3-108所示。

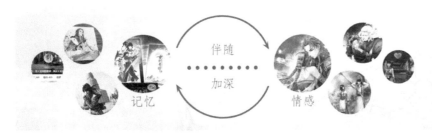

图3-108　情感化资料收集与分析

《情感化设计》中讲到只有引发记忆才能触动人心，从而加深情感。因此要找到关于《古剑奇谭》界面设计的关键词——熟悉感。从多方面塑造熟悉感，注重营造情绪氛围，通过渲染烘托气氛，增加界面感染力。

表现形态

在古典文化长期发展中，中国传统绘画艺术占据了一定的位置，在演变中建立了许多符合东方审美要求的法则。然而单纯的水墨技法放在《古剑奇谭》的界面里无法很好地体现传统文化，反而会让人感觉压抑，太过古老。

通过古剑IP中让人印象深刻的画面，从物境、情境、意境3个方面推导出关键词，如图3-109所示。

图3-109　物境—情境—意境的推导过程

物境：纹饰、花瓣、纱、云……

情境：缠绵、轻盈……

意境：虚空、唯美……

从物境关键词推敲图形，挑选符合气质的基础元素；从情境关键词推敲结构，把有规律的细节、有联系的细节添加在一个相对完整的外轮廓内。从意境关键词推敲表现方式，加入冷暖色彩的光晕，最终整合成界面的视觉表现形态，如图3-110所示。

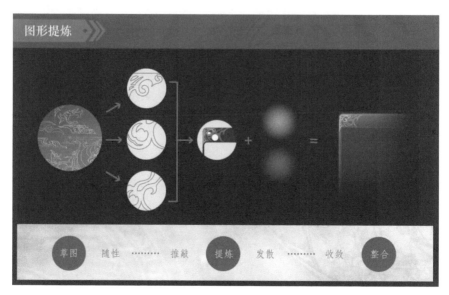

图3-110　图形提炼过程

如图3-111所示，从传统色彩中选用一个主色——蓝色，辅助配色在此基础上进行明度、饱和度的变化来构成配色方案。在基础系统配色方面选择更加简单清爽的颜色，而商城和特殊玩法系统在统一风格的基础上添加适当的暖色，并且加强按钮饱和度、厚度等。

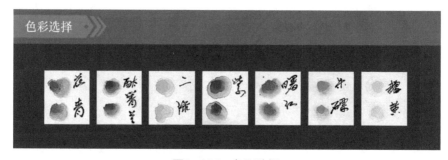

图3-111　色彩选择

界面规划

（1）主界面

中国古典水墨精髓中意境的空间运用、虚实相生的关系等一些表现手法，如布势、虚实、疏密，指导着《古剑奇谭》界面视觉的整体规划，如图3-112所示。

考虑到以往的界面元素各自为政，缺少一种统一的视觉秩序。我认为好的视觉画面应该令人心情平静，可以静下来细细品味。不好的画面总会有元素不符合秩序，不在整体设想的气韵之中。

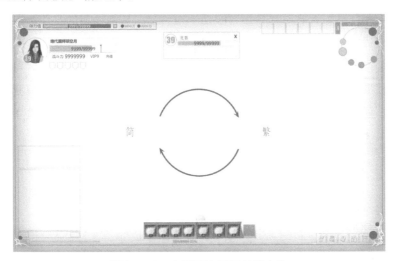

图3-112 主界面布局及花纹走势

所以构思草图的时候，我先构思了花纹的走势，可以理解为总体的运动趋势。它把整个主界面的各个组成部分有机地组织在一起，达到一种理想中的"气韵生动"。中国画的置阵布势讲究"远观其势，近观其质"；考虑局部服从整体的关系，不过分突出局部；不单方面主观刻画，破坏画面的整体感。

构思好花纹后要考虑游戏场景、游戏角色等各方面美术效果的提升，提高玩家在游戏中的沉浸感，让游戏界面元素消失在游戏里是一个好方法。具体来说，利用虚实相生的手法，让接近游戏的中心视觉区域的界面元素尽可能地虚化，可以使整个游戏的界面元素更好地融进游戏中，如图3-113所示。

图3-113 主界面常态

如图3-114所示，动画表达情感含义，具备功能性作用。游戏界面视觉除了静态之美，也离不开动态呼应。在主界面正下方有剑灵切换的快捷方式。考虑到普通的方框形式会破坏整体画面的美感，我设想了多种方案，比如香炉升起烟雾、凤凰展翅摆尾等，可是过于浮夸、抽象的形式会破坏画面已经形成的宁静之美，实现方式上也存在很多问题。最终我想到了游戏内角色的一些技能状态，还有武侠电影里面执扇者潇洒的甩扇动作，决定用扇子的形式来诠释这个动画效果的视觉表现。

图3-114　主界面技能快速选择

（2）场景测试

场景测试是多种场景环境下的界面文字和色彩通用性的尝试，如图3-115所示。

图3-115　场景测试

由于这个游戏采用了非常多的半透明元素，实际效果的不可控性比较大，并且文字的易读性也可能存在一定问题。为了保证效果的完整性和内容的清晰可见，将界面文字和色彩在多种场景环境下进行通用性测试，并进行适当的调整。

（3）玩法界面

基于页游特点，造型多变的玩法界面能增强游戏的代入感，满足玩家需要的新鲜感。

如图3-116所示，在设计剑灵这种特殊的界面时，考虑游戏故事背景的元素，空间、虚幻、幽静等关键词，目的为了将系统设计的更加符合游戏特点。在设计排行榜界面的时候，考虑到书卷的形式已经很多了，《古剑奇谭》这种诗情画意的题材可以发挥更大的想象空间，所以最后以琴为这个界面的主要创意点，左侧是各种榜的标签，仿佛是在拨弄琴弦，右侧则是拨弦以后产生的幻境。

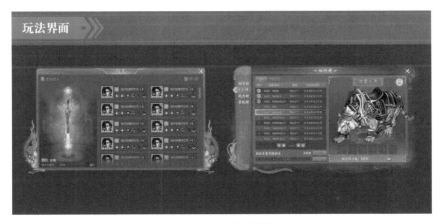

图3-116　玩法界面

（4）运营界面

考虑Banner的点击率，让图文层级分明，文字清晰，与整体配色协调。

如图3-117所示，在设计游戏登录器时，考虑如何与游戏内的UI关联，进行思维发散和草图的绘制，最终挑选以扇子为主体的方案，可以与主界面剑灵切换快捷模式的扇子造型形成呼应，并添加玉兰、云、蝴蝶营造一种似曾相识的梦境感。其他运营系统的特殊界面也会以其作为创意方向，而一般运营界面在统一风格的基础上适当添加丰富且协调的配色，改变以往游戏运营系统大红大绿的风格。

图3-117　运营界面

3.9　小结

　　图标、文字、界面是游戏世界视觉感官的组成部分，通常我们会把它们作为考核视觉设计师能力的最直观要素，在招聘和选拔时往往也以这几项作为首要标准。图标、文字、界面很重要也很基础，是一个设计师能否将好的创意最终实现的先决条件。

　　在优秀的游戏UI中，图标、文字及界面既要融合在整个游戏世界中，又要在玩家需要的时候很容易辨识和寻找。游戏UI设计不能一味追求做得出众，要思考其功能性，将信息要素进行整理，按优先顺序编排并呈现给玩家。在界面设计中最重要的就是协调，色彩的强弱、面积的比例、字体的大小、版式都需要协调一致。

第4章

移动游戏UI设计新视角

很多移动端游戏研发团队本身在PC端的游戏业务已经非常成熟，很多设计师也是从PC端转过来的，虽然移动端游戏和PC端游戏两者在设计方法论上是相通的，但并不能通过照搬相同的功能及操作模式就可以取得相同的成功。移动端游戏具备自己的特点，并且直接影响着游戏的用户体验。

移动互联网相关的设计千变万化，极致的细节与创新的手势操作，各种交互方式不断推陈出新，设备的潜力好像是无限的，每当你以为没有什么能够想象的时候，总会出现颠覆你认知的新事物，挑战着你的想象力极限。

虽然移动端设计有太多的发挥空间，但是如何在移动端上做出让玩家喜爱的游戏UI呢？这个问题涉及的方面非常多，首先我们要了解移动端的特征、功能的实现方式，然后挖掘细节，探索创新领域。

4.1　移动游戏UI设计的特征

在移动终端技术发展早期，手机硬件性能相对较弱。1997年诺基亚推出的第一款内置在手机中的游戏《贪吃蛇》，仅由简单的像素点构成。随着科技的进步，手机性能也越来越强大，逐渐出现了富有艳丽色彩的2D游戏和带有精致空间场景的3D游戏。游戏画面越来越好，既能满足人们逐渐提高的审美要求，又可以让玩家提升游戏体验。

硬件技术的进步催生了手机游戏设计领域的颠覆与革新，为设计师提供了更大的发挥空间。尽管如此，设计依然不能随心所欲，因为任何硬件设备的承载能力都有上限。相对PC端越来越大的屏幕空间并且不需要考虑耗电而言，手机游戏UI设计在研发中需要考虑的硬件因素依然很多，如屏幕参数、电池容量、网络稳定性、内存大小等。作为设计师的我们，更需要了解的是不同平台规范、不同用户特征，以及不同的交互方式和使用场景。

游戏UI要适配到多个平台，需要设计师考虑不同移动设备屏幕的特点、手势和设备的配合，提升屏幕的利用率、可感知的操作线索，在多尺寸界面之间寻求平衡，以确保产品设计语言的一致性。

4.1.1　移动设备屏幕的特点

移动终端设备自带操作系统，如今主流的移动操作系统有苹果公司的iOS系统、谷歌公司的Android系统与微软公司的Windows Phone系统。而游戏作为移动应用程序，需要考虑各平台基本的设计原则。从以下设计原则的比较可以看出，各个平台既有各不相同的设计理念，又存在着一些相通的地方，那就是操作简单化、体验惊喜化，如图4-1所示。

各平台设计原则		
Android 4.0	iOS	Windows Phone
令人陶醉	美学完整性	时尚
简化我的生活	一致性	能够随时随地使用
让我惊叹	直接操作	整洁
	反馈	动态效果
	隐喻	简单、可读、简约
	用户控制	保持一致
		真实
		创新

图4-1　各平台的设计原则

首先我们需要知道移动设备的屏幕特点。了解这些屏幕参数后，才能分析这些参数对屏幕造成的影响。

每一块屏幕都是由分辨率、物理尺寸、平面密度三者组合而成的。不是屏幕的物理尺寸越大手机的分辨率就越高，屏幕的物理尺寸与手机的分辨率有多种组合。我们在手机上做设计如果要做到足够好的布局适配，就需要考虑多种屏幕类型。

分辨率

分辨率表示移动设备显示屏上点的数量，单位是像素px。如果一块屏幕横向有240px，纵向有320px，那么这块屏幕的分辨率就是240px×360px。

物理尺寸

屏幕中的每一个像素都有实际的尺寸，因此这么多像素点组成的屏幕就有长度和宽度，这个长宽便是我们实际感受到的物理尺寸，通常用英寸表示。

dpi指每个平方英寸中含有的像素点的数量，即屏幕的密度，也就是单位密度。像素点的尺寸越小，屏幕密度就越高。我们将屏幕密度从低到高分为：低密度120dpi、中等密度160dpi、高密度240dpi、超高密度320dpi。

在手游项目初期，我们不仅需要确定选择什么样的分辨率进行原型设计，而且需要格外考虑如何适配多种设备。虽然智能手机的尺寸和造型不断发展，但是无论iOS平台还是Android平台，1080×1920像素在手机中的占比依然最高。而无论是PC端还是移动端，16：9的屏幕分辨率都是首选，因为它可以给用户带来更广阔的视野。

设计师必须先明确自己的界面能够支持的平台。如果只是面向iOS系统开发的游戏，可以只创造两种不同的界面：一种面向iPhone/iPod Touch，如图4-2所示；另外一种面向iPad，如图4-3所示。

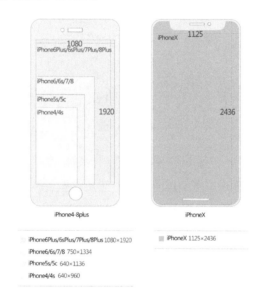

图4-2　iPhone屏幕分辨率的对比

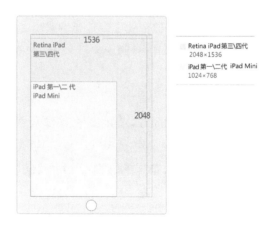

图4-3　iPad屏幕分辨率的对比

移动用户的交互体验研究需要细化到品牌和型号，我们不可能针对每一台设备定制专属的界面布局，所以通常选择主流的分辨率进行设计，最小分辨率用于测试可行性。

使用场景

与PC端游戏玩家自由支配时间且座位固定不同，移动游戏玩家大多是利用碎片时间进行游戏体验的。PC端游戏网络环境相对稳定，玩家受周围环境影响较弱，而移动端的使用环境非常复杂，包括不同的使用情景、使用姿势、网络特征，且使用时的间断性比较高，用户常见的游戏环境如信号不好的地铁站里、拥挤的公交车上、无聊的排队中、光线昏暗的聚会等，这些不稳定的环境给设计带来了很多挑战，设计师要考虑得更全面。

如何考虑场景对设计的影响呢？用户的使用场景是多样化的，这就需要设计师分析主要场景再进行设计。为了让事情看起来更简单，我们将这些不同的类型归纳成几种一个人一天中比较常见的状态：休闲状态、等待状态、忙碌状态。

（1）休闲状态

比如用户坐着喝下午茶、躺在自家的沙发上很悠闲地使用手机，这种情况下网络状态比较好，用户心情也比较放松，可以有较长时间去体验游戏。

（2）等待状态

在公交车站或地铁的站台上，办理事情的队伍中，用户也会拿起手机玩游戏，但这种情况下网络有可能不稳定，用户的使用时间很短暂，随时都可能被打断。

（3）忙碌状态

比如用户在乘坐交通工具时，途中的颠簸、光线的转变，以及电池的使用情况等都会影响用户玩游戏。

对于移动游戏设计而言，我们需要考虑用户体验的视觉层和操作层两个方面。仅仅停留在视觉层，缺少对操作层的深刻理解，依然会影响游戏整体的用户体验。有研究表明，我们是否要频繁改变手持方式，取决于设备是否操作方便、屏幕的大小和当时所处的环境。

4.1.2 手势和设备的配合

移动端用户体验的最大挑战就是玩家实际上是手拿着设备进行游戏的。这就意味着玩家同时拿着游戏控制器和屏幕，增加了人体工程学用户界面设计的难度。纯屏手机缺乏触摸反馈，使它更难以提供与电脑和游戏机同等的游戏体验，尤其是在复杂的游戏中。

人们可以随时随地拿出手机的这种体验让人和机器之间产生了更亲密的情感。当触摸成为移动设备的交互方式时，人们反而觉得这是自然而然发生的。相比鼠标和键盘的机械操作，触摸、对话、晃动等多样式交互，都在不断地加深人与机器的互动。滑屏解锁、指纹识别、"摇一摇"红包、共享地点给朋友，人与机器之间的交流不再是单方面操作，而是越来越自然、高效的互动，设计的可能性也被极大地激发出来。

拇指区域

用户手持设备的方式多种多样，单手持机的使用时间几乎占总使用时长的一半以上。有研究发现大拇指驱动了75%的手机交互。在拇指的有效触控区域，用户能够灵活触屏，减少和避免误操作。所以很多产品的重要功能都被放在这个区域内，例如战斗攻击必需的操作按钮，而顶部区域更适合放置低频操作的提示内容。

即便是同一款移动设备，交互方式也会随着屏幕方向的变化而有所变化。在不同屏幕中拇指的有效触控区域也不相同，如图4-4所示。竖屏通常是右手持屏用拇指操作，而这种区域的有效性也会因屏幕变大而改变；在横屏游戏中，玩家通常是双手操作的，这时拇指触控区域变成了两个，屏幕正中的上下两侧就变成了最难触及的地方。相对于手机而言，更大屏幕的平板电脑，单手操作难度太大了，所以需要双手操作。而由于体量问题，人们通常把平板电脑放在腿上或腹部，这时底部的区域操作显得比上部更困难。在设计常用操作时需要避免布局在这些位置，除非是刻意要增加难度的操作。

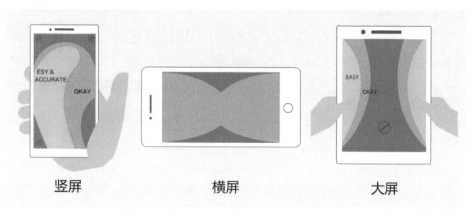

竖屏　　　　　　　横屏　　　　　　　大屏

图4-4　在不同屏幕中拇指的有效触控区域

常用手势

触摸是人的天性，iPhone通过箭头图标向右滑动的动态，来暗示手指触摸向右滑动解锁，即使小孩子看不懂文字，依然可以理解。很多游戏通过隐喻的手法，让玩家直观地明白可以怎样进行操作。不同平台的常用手势虽然有一定的区别，但是大同小异。比较常用的手势有点击、滑动、长按、双指配合等，如图4-5所示。

各平台支持的手势	
平台	支持的手势
iOS	点击，拖曳，滑动，轻扫，双击。双指缩放，长按，晃动
Android	点击，长按，滑动，拖曳，双击，双指缩放，晃动
Windows Phone	点击，长按，滑动，轻扫，双指缩放，双指旋转

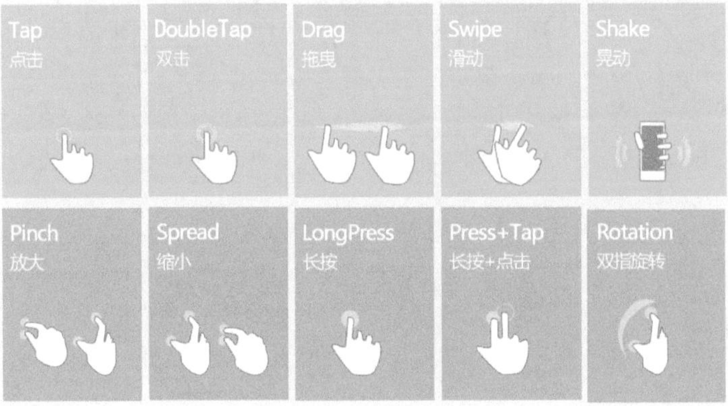

Tap 点击	DoubleTap 双击	Drag 拖曳	Swipe 滑动	Shake 晃动
Pinch 放大	Spread 缩小	LongPress 长按	Press+Tap 长按+点击	Rotation 双指旋转

图4-5　各平台支持的手势

（1）点击

点击：最常用的互动方式，即单个手指轻击屏幕。

双击：两次快速轻击屏幕，可以智能地放大或缩小内容。

长按：针对图片长按将出现可编辑内容菜单。

如果不说，我们可能都忘记了PC端也会用到点击，只是PC端需要通过鼠标来控制光标，将其移动到被点击的元素上，通过反馈我们知道这个元素是否可以被操作。但触控屏幕上并没有鼠标滑过的反馈状态，这一层面的内容就需要更直观地表现出来，让玩家一眼就能够确定哪些地方是可以点击的。

因此在移动设备进行游戏UI设计时，要让玩家更直观地了解哪些是用于浏览的信息，哪些是可操控的元素。如果担心用户不能理解图标的意思，那么可以添加文字，即使牺牲美观性和界面空间也要让用户理解。

图4-6是《刀塔传奇》的战斗界面，从整个画面来看，卡片式的头像框最为突出，并且在场景中有相对应的英雄。非常直观地让玩家明白可以通过点击卡片对英雄进行操作，除此之外并无其他可操作的。

图4-6　《刀塔传奇》点击卡片战斗

（2）滑动和拖曳

拖曳：拖曳对象，将其移动到另一个位置。

滑动：通过在屏幕上快速地滑动来切换内容或滚屏。

滑动和拖曳这两个交互动作有一定的相似性，被滑动的元素在指尖离开屏幕后还会因为惯性继续运动，被拖曳的元素始终跟随着紧贴屏幕的指尖。拖曳的设计通常可以有效地避免误操作，因为指尖在离开屏幕前，通过反向拖曳可以让被拖曳的元素回到拖曳前的状态，而滑动则是拖曳了一定距离触发的操作。

对于可滑动和拖曳的界面元素，应该将其跟按钮等可以点击的控件区分开，在设计上强调其可以滑动的感觉。

如图4-7所示，在《大琴师》的选择模式界面上，通过半透明的形式处理两边的选项，而突出中间的自由模式选项，这样在视觉上形成一个空间感和动态感，使用户很容易发现可以通过滑动来进行模式切换。

（3）多指配合

放大：使用双指，对内容进行放大。

缩放：使用双指，对内容进行缩小。

双指旋转：使用双指对屏幕中的内容模拟旋转。

图4-7 《大琴师》滑动选择模式

除基础操作外，游戏中还少不了多指配合的打击感，甚至手指轻轻擦拭掉镜子上的灰尘、手指旋转释放魔法变出兔子、多指合拢抓住想要获得的物品等情景，都可以设计出来。

通过多指配合可以产出很多丰富的体验，手势使得游戏玩起来更加自然有趣。它也提供了良好的创新土壤，孕育出使游戏更有趣的解决方案。此外，深入研究游戏的背景故事，试着想出一些新的游戏方案，玩家会体验到更真实的代入感。

图4-8是游戏《音乐节奏》的玩法界面，通过线条透明度渐变，可以让用户理解滑动的方向，圆形触摸区域的距离会让玩家双指配合，发光状态可以在一定程度上提示顺序。

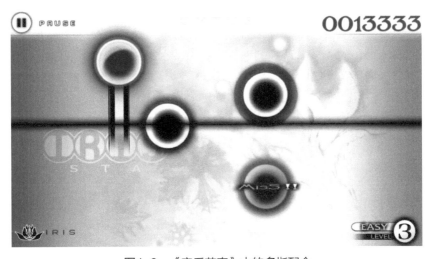

图4-8 《音乐节奏》中的多指配合

（4）让设备动起来

晃动：握住手机上下或左右摇晃就能触动重力传感器。

现代移动设备的交互形式已经跳出屏幕，只要挥动手机，设备都可以感知。陀螺仪和重力感应器让手机进化出神经系统，让它们感受到是静止的还是运动的，可以指导自己是直线慢行还是曲线加速。有了这些感应器，移动设备更加生动。

在游戏UI设计中，我们不用考虑添加按钮或者点击什么控件，也可以让设备动起来。比如在第一人称射击游戏中，玩家拿在手里的不是手机，而是游戏中的武器。当游戏中的角色想要移动武器的角度，只需要转换手机的角度就可以了，这样的游戏体验让玩家更加投入，增加了第一人称游戏的趣味性。

在由美国职业橄榄球联盟与美国心脏协会一同开发的《橄榄球跑酷》中，玩家想要人物跑起来，就要拿着设备在现实中跑起来，遇到障碍就得拿着设备跳起来，游戏的操控由设备中的重力感应器来实现。

如图4-9所示，在《愤怒的小鸟GO》的游戏初始界面上，不同角度的赛车和夸张的场景透视给玩家一种游戏可以动起来的感觉。随着欢快的音乐，玩家自然就会将屏幕晃动起来，通过触摸和重力感应就可以轻松完成方向的控制。

图4-9　《愤怒的小鸟GO》用触摸或重力感应控制方向

4.1.3　可感知的操作线索

如果通过键盘操作，那么我们只能重复机械的动作，这种方式唯一的优势可能是比较精准。我们在进行大量输入的时候，键盘比触屏更加高效。然而键盘操作带来了重复、单调、手指酸痛、噪声等问题。

在移动设备上基于手指的操作方式已经代替了鼠标点击的操作方式。人们沉浸在新的手机操作体验的快感中无法自拔，用手指轻轻点一下，就看到了手机界面的反应。手势操作灵活多变并且更自然，但是也带来了识别性差、操作精度有限等问题，所以需要建立一定的手势设计基本原则和交互规范。

以信息架构为基础的手势交互

在一个移动端游戏的UI中，手势的统一性非常重要。应该让玩家在游戏任何界面的转换中都知道怎么使用手势，并达到心理预期的效果。这需要设计师提供一套基于游戏信息架构的手势规范来作为导航与交互的基础。

首先，整个游戏的导航逻辑应该保持一致，玩家只需要在一个地方理解了操作，在整个游戏中就能够快速上手。

其次，细节交互，比如增加或删除这种相关逻辑的操作需要有一定的共性。

在完成信息架构设计后，需要思考手势的架构，基于手势的导航能与信息架构合为一体，让玩家方便快捷地上手游戏。如图4-10所示，《水晶之心（Crystal Hearts）》的每一个界面都是通过左上方按钮返回主界面，经过多次使用后玩家可以完全无意识地切换，这样会给玩家一种轻松简单的感觉。

图4-10　《水晶之心（Crystal Hearts）》手势交互的统一

优先设计自然的手势交互

智能手机开启的触屏时代给人们带来了更多的方便和乐趣，然而大多数手机游戏的手势还是套用PC端的操作，以点击为主，但是以触屏为基础的设计，如果不能体现自然的交互操作，那么体验会大打折扣。

在设计的过程中，我们需要更多地思考符合我们自己游戏的手势交互形式，让玩家在操作过程中体验到更多的乐趣。

比如点击图标唤起菜单这种简单的基础方案，也可以通过引导玩家用手指在图标位置上向上或者向下拨动来唤起菜单，从心理上这样更符合人的认知，就好比整个乐团都追随着音乐指挥家的手势演奏一样。玩家一旦上手了这种操作方式，不仅提高了操作效率，而且让操作更加自然。如图4-11所示，游戏《水果忍者》的玩法界面带有明暗变化的指向性线条，让玩家不自觉地随着线条的方向滑动手指，从而快速理解游戏的基本规则。

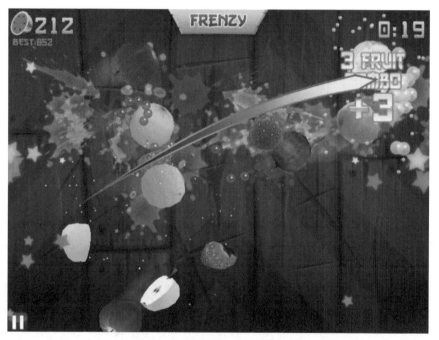

图4-11　《水果忍者》中线条的滑动方向

引导用户在情境中学习手势

相对于可以直接点击的按钮，手势是隐蔽的操作类型，需要玩家探索和学习。虽然在日常手机应用中已经培养出了许多熟知的手势，但在游戏特殊的环境下手势仍然会使玩家感到困惑。因此在手势首次出现时，需要给出提示和引导。如图4-12所示，《全民枪王》在新手教学中，配合实际的战斗情景对游戏手势进行教学，并且右侧带有同步手持手机的对比示例。

图4-12　《全民枪王》新手引导中的手势教学

手势带有一定的操作性，因此手势引导通常以指导用户如何操作的方式呈现。比如用一个小球富有动态地演示，提示用户进行操作，并给予正确及时的反馈，这样可以减少新的操作形式给玩家带来的不安的感觉，也减少了误操作。此外，由于结合了实际操作，这个手势会被快速掌握。

可触空间的尺寸区域

我们做触屏产品设计时，都会注意到可点击元素有足够的点击区域。但是由于操作优先级和视觉审美的需要不同，并不需要将所有按钮的视觉焦点都做得足够大，我们可以扩大实际的可触区域，让它大于屏幕中按钮控件的物理大小。在iPhone自带的导航栏中，操作按钮的高度虽然仅为29px，但是它的实际可触区域比整个导航栏的高度还要高出5px，也就是按钮的可触物理区域不小于44px。

如图4-13所示，在iPhone发送信息的界面中，按钮在视觉上的区域及实际可触区域会根据位置不同有一定调整。下面是《龙之谷》端游和手游的界面对比，当游戏移植到移动端之后，不仅内容进行了调整，而且按钮的可控区域也有变化。

在设计移动端游戏时，经常需要考虑可触空间的尺寸区域。我们的设计都是在电脑上进行的，而将PC端游戏大量的信息放置在手机屏幕中，不仅会出现按钮很大的感觉，而且在手机上测试时体验仍然欠佳。对于加大点击区域和削减元素的数量，移动端游戏对UI的限制相对于PC端来说更多。

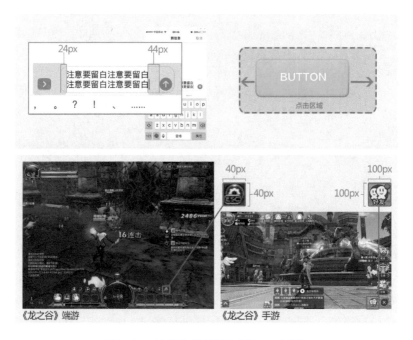

图4-13　按钮有效触控区域和尺寸空间

4.1.4　屏幕的合理利用

有限的屏幕尺寸使得每英寸都要有效利用，因此设计师需要在考虑用户手持设备姿势的基础上，合理地使用空间。在多数PC端游戏中，操作按钮和控制选项被放在界面的角落，移动端却没法用这种方式。因为玩家难以触及手机屏幕的角落，所以最好将最重要的按钮放置在屏幕中易于操作的地方。

在不同系统中根据尺寸限制、内容优先和阅读习惯等用户需求，可以适当调整屏幕的利用率。如图4-14所示，在相同的系统中，根据用户的不同需求调整了卡牌的显示空间，如《阴阳师》；在不同的系统中，根据系统的不同需求调整了内容的显示形式，如《斗战神》。

对于移动设备而言，屏幕空间资源非常有限，因此为了提升屏幕的利用率，不同系统的信息布局应该以重点内容为先，如何组织信息内容，使玩家快速理解并操作是非常重要的。对于玩家需要的内容，进行夸张放大表现是我们首要关注的，其次才是导航和筛选信息。

《阴阳师》相同系统根据用户需求调整显示空间

《斗战神》不同系统根据系统需求调整显示空间

图4-14 《阴阳师》和《斗战神》的不同屏幕利用率

4.1.5 多尺寸的界面适配

设计时需要考虑产品是否需要适配各种屏幕大小不同的设备。如果按小屏幕去设计，在大屏幕设备中就会有更多空白区域，而布局不做任何调整，就会造成糟糕的视觉体验。移动设备中的游戏UI采用全屏显示的形式，需要通过一些适配的方法将空间利用起来。

等比缩放

界面元素按屏幕大小整体等比例缩放。在界面版式比较特殊导致布局不易变化的情况下，可以采用这种方法。以最大尺寸输出切图，避免因图片需要放大而导致的图片品质降低，如图4-15所示。

等比缩放

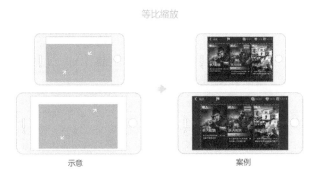

示意 案例

图4-15 等比缩放示意和案例——《全民枪王》

弹性控件

间距增加：当界面元素不适合拉伸或界面有扩展的区域时，可以考虑将增加的控件间距平均分配到这些区域。这种适配方法也可以节约设计资源，不需要做多套图片来适应界面的缩放。

单项拉伸：当界面尺寸不适宜整体拉伸时，可以在保证内容大小不发生变化的情况下，只拉伸局部区域，而在大屏幕下，可以有更多的空间显示更多的内容，如图4-16所示。

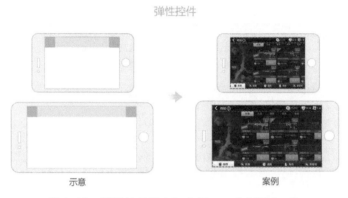

图4-16　弹性控件示意和案例——《全民枪王》

智能调整

有些界面布局在一定的尺寸比例下可以整体缩放，当变化超过一定限度时，可以灵活地调整间距，以达到更好的表现形式。在无法增加显示内容的时候，可以扩大显示区域。当扩大到一定尺寸后，可以增加显示内容以提高屏幕利用率，如图4-17所示。

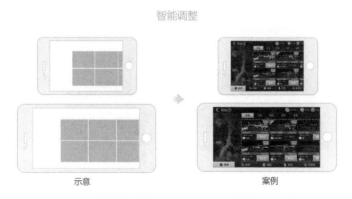

图4-17　智能调整示意和案例——《全民枪王》

延展适配

一些全屏图片在宽高不同的屏幕中，如果等比缩放会造成一部分区域超出界面，或者有横竖方向的留白。所以在设计中我们会采用纯色、渐变、可平铺的无缝图素作为背景，将界面内容居中显示，这样在不同尺寸中都能够适配相同的效果。

在宽高比最大的屏幕中设计的满屏界面，到了宽高比最小的屏幕里就会出现很大面积的空白。比较简单的处理方法是设计时尽量去铺满宽高比最小的屏幕，这样与在宽高比大的屏幕里的内容呈现不会有太大的差别，如图4-18所示。

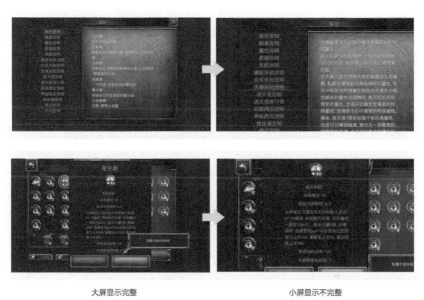

大屏显示完整　　　　　　　　　小屏显示不完整

图4-18　适配问题对比图——《暗黑起源3D》

切图输出

游戏UI设计在项目的初期就需要确认界面的输出方式。无论是页游还是手游，不同的游戏引擎架构、性能的影响导致最终的实现方式有所不同。切图方式大体可以分为两大类，整图切图和多宫格切图。

（1）整图切图

顾名思义，整图切图就是使用一张整图作为界面切图，通常用于整体游戏界面架构体系不复杂的家用机游戏与PC单机游戏，或者少量的特殊界面，如图4-19所示。

图4-19　整图切图

整图切图的优点：视觉表现变化丰富。

整图切图的缺点：不能拉伸或通用于其他界面窗体，文件数量过多，占用空间过大。

（2）多宫格切图

多宫格切图是将界面的切图划分为几张图，保留最小的可用像素，如图4-20至图4-23所示。我们可以根据具体研发情况，将中间区域进行拉伸或者平铺。通常多宫格切图用于整体游戏界面架构体系复杂的RPG和网游等。

多宫格切图的优点：可以根据界面窗体的内容多少进行拉伸，也可以通用于其他界面窗体。文件相对整图切图方式要少很多，占用空间小。

多宫格切图的缺点：视觉表现没有整图切图方式丰富，设计师需要花更多时间。

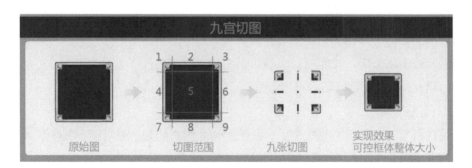

图4-20　九宫切图

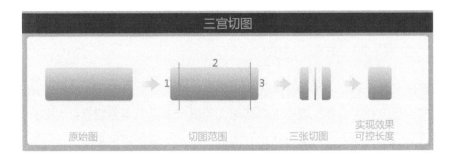

图4-21　三宫切图

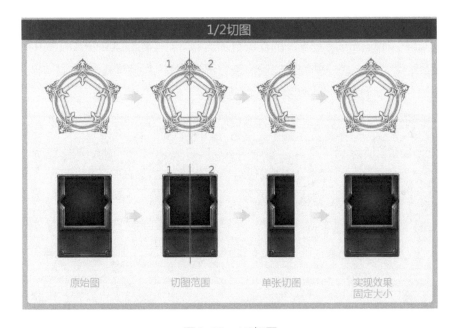

图4-22　1/2切图

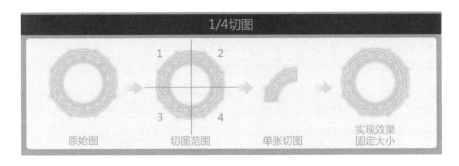

图4-23　1/4切图

注意：在一些希望加强玩家印象的UI系统中使用整图切图，一般窗体则使用多宫格切图。多宫格切图还有对半切图、1/4切图、水平缩放、拼贴替换等多种方法。

4.1.6　语音与镜头的应用

随着技术的进步，手机的语音作用也不断被挖掘出来，而且越来越多地作为输入方式应用于设计中。以语音作为内容时，手机成了我们与游戏交互的媒介，我们可以用语音进行交互，不需要进行物理上的操作。了解移动设备的各种可能性有助于我们创造更多的交互乐趣。

此外，移动设备的语义分析技术也在不断发展，Siri等语音系统利用语义分析技术，不仅能分析语音固有的属性，还能将语音所表达的内容提取出来。通过这样的方式，可以让玩家与游戏之间的交流更加自然。甚至可以实现无需切换的游戏内实时语音对话，即在游戏中和其他玩家进行语音交流，为手游玩家提供了极大的便利。《天下HD》的语音输入如图4-24所示。

图4-24　《天下HD》的语音输入

从解析声音到解析图像，技术的发展给我们带来更多的可能性。除识别条码、二维码这些非自然存在的图像外，摄像头能识别的东西越来越多，同时也越来越精确。得益于这些进步，我们可以设计出更多与摄像头相关的玩法。

乐高是一家主打儿童玩具生产的厂商，通过经典的积木造型，打造了神奇魔幻的乐高大世界，并推出了多款优秀的乐高电影和游戏。乐高在《乐高未来骑士团：

梅洛克2.0》中加入了乐高玩具，通过摄像头扫描相应盾牌中的图案来收集英雄，这是个非常有特色的玩法，如图4-25所示。

图4-25　《乐高未来骑士团：梅洛克2.0》摄像头交互

任天堂推出的《口袋妖怪（Pokemon Go）》是一款配合手机GPS定位和摄像头的游戏。如果附近有小精灵出现，手机中便会出现小精灵在现实场景中的画面，这时手机会震动提醒，玩家要立刻动身去指定地点捕捉它。

无论在哪个平台，做细节和创新都不是一件容易的事，因为每款游戏都有不同的定位和用户群，任何差异都会导致设计的不同。学习借鉴不同于单纯的模仿抄袭，应该分析这些设计为什么这么做，不仅要从表面上分析，还要理解设计背后的意思。

在设计中，我们不能只停留在制作层面，要通过一个想法去挖掘多种可能性，让工具不再限制我们的想象力。设备中的光感、陀螺仪、GPS、声音、触摸等都能作为移动设计的输入方式，运用不同的传感器组合，使交互体验更加丰富。你越了解设备特性，越灵活地运用它们，越能给用户带来更多惊喜。

4.2　移动游戏UI设计

使用情景的复杂性、操作系统之间的差异性等都使移动端游戏UI设计难度加大。设计师需要了解系统变化对设计的影响，研究不同平台的设计规范，探索移动端设备的特性所带来的机遇。

如何适应手游快速开发的环境？

设计师是设计的执行者，设计师的设计思路要与团队迅速达成一致。良好的沟通能力不仅有利于表达设计思路，而且可以推动整个流程中各个环节的顺利进行。保持主动的心态是设计师的原动力，让自己快速吸收知识的同时也可以影响团队。

4.2.1 快速找定位

在项目立项的初期，UI设计的工作就已经开始了。首先分析竞品，与美术和策划共同寻找产品定位，以团队达成共识的世界观为依据，寻找可作为依据开展界面设计的关键词。

很多设计师手上都有设计推导的种种方法，也能够举例说出推导过程，诸如资料收集、竞品分析、关键词提取等具体事项。但实际上，设计完成品和竞品相似度很高，拉不开差距，或是设计方案提交时总是收到"感觉不对"这类回复，究竟是什么原因造成了这些后果呢？看上去都差不多，何谈感觉对呢？

如何快速找定位？

在不同的游戏中，不同的游戏玩家会有不同的定位目标，在游戏众多的目标中一定有一个核心目标，而设计师也需要了解游戏的核心定位目标。因为它们不仅影响着游戏的正规系统，还影响着游戏的剧情设计。游戏的核心目标，如竞技掠夺、探索解密等，这些目标有时候是混合出现的，但是对于混合了战争和建设类目标的即时战略游戏，喜欢纯粹战争游戏或者竞技类游戏的玩家会不感兴趣。

玩家通常不能准确说出他们真的喜欢哪里，需求方也不能总是清晰地描述真正的核心是什么，因为一些核心的信息只在潜意识层面发挥作用，但是口头沟通很容易屏蔽掉某些重要的信息。因此在设计风格的初期要尽可能多地让设计师参与进来，拿角色信息这类控件类型比较多的界面做尝试，尽量完善并保留最好的创意。通过一些比较直观的图表，可以让设计师对比方案，分析问题，同时也可以把方案同步给需求方进行沟通，如图4-26所示。

如果我们可以做到让游戏中的所有元素都强化这个核心，不同文化层次的玩家虽然不能说明或归纳出这些元素的共同作用，仅能描述那些让他们印象深刻的元素细节和情感片段，但这已经足够了。总之，核心定位正是需要设计师去发现、捕获并传达的东西，也是设计是否能引发玩家认同和探索欲望的关键所在。

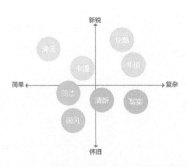

通过象限来对比和分析

	极度	相当	轻微	中立	轻微	相当	极度	
Hard 硬		●						Soft 软
Old-fashioned 过时的					●			Modern 现代的
Warm 暖					●			Cool 冷
Complex 复杂					●			Simple 简单
Masculine 男性化		●						Feminine 女性化
Elderly 年老					●			Young 年轻
Subdued 低调					●			Glitzy 高调的
Rural 老套的					●			Fashionable 新潮的
Unfamiliar 不普及					●			Urban 普及
Trashy 低品位的					●			Cksssy 高质量的
Dark 暗		●						Light 光
Plain 朴素的		●						Gorgeous 绚丽的
Lo-tech 低科技		●						High-tech 高科技
Unfashionable 不熟悉的					●			Familiar 熟悉的
Conservative 保守的		●						Unconventional 开放的

通过定位图作为交流工具

图4-26　通过象限来对比分析和同步沟通

4.2.2　规范化工具

在风格定位确定后，需要开始进行基础版本的UI控件设计。以MMO大型游戏为例，它的界面系统比较庞大，因此设计周期较长，随着设计师思维的不断扩展或是不同的设计师接手项目研发，很容易造成前后设计风格的不一致。因而在开始设计大批量系统之前，要创建一个基本的控件库，也就是视觉设计规范。这个设计规范简单地定义了我们的字体、颜色、图标、间距和信息结构。

为什么要规范化工具

规范化的设计语言让我们的视觉风格保持了很好的一致性，让整个系统更加统一；可以有效避免重复设计，例如重复切图、重复的代码，同时也可以减小资源包；规范让整个研发团队都能对风格有更明确的整体认知，也有利于后面新加入的成员对照和使用；规范可以让项目后期进行迭代优化时，能够更好地把控风格的延续性。

规范化工具的首要目的是效率，但是任何时候都需要考虑游戏的核心价值，为了满足个性化需求，可以适当打破常规。如果团队规模不大，也不需要太多束缚，还是以游戏项目的研发为主。大型的规范化工具可以等到公司形成一定规模之后再完善。规范化工具可以降低开发成本，更快地实现高保真原型和所有想法，使我们可以将更多精力集中在实际的用户体验和我们想要传达给用户的概念和想法上。

创建基础通用控件库

用户界面由具有各种功能的控件组成，一般来说，最常用的控件被称作基础组件。从理论上看，这种做法能很好地构建连贯灵活的系统，快速形成统一的风格，然而过于统一有可能导致风格单调，如图4-27所示。

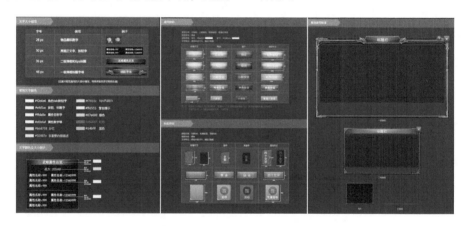

图4-27　创建基础通用控件

扩展通用特殊控件库

我们会考虑构建玩法系统、运营系统需要的"特殊控件"，还有全屏下所需要的通用背景及控件。在创建这些组件的同时，把它们收集在一起形成组件库，这种做法要贯穿整个设计过程。

一个统一的设计语言不应该仅仅是由一组静态的规则和单个组件构成的，它应该是一个不断发展的生态系统。随着库文件的扩张，我们开始把各个功能相似的独立组件整理到一个画板中，做好分类。这些画板由一系列常规的分类组成：按钮使用标准、便签使用标准、图片和文字使用标准，如图4-28所示。

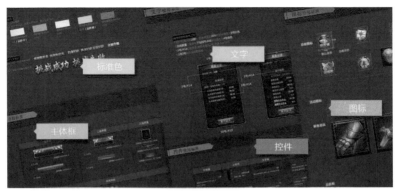

规范通用控件库

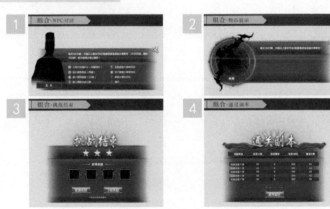

提示类控件多种组合样式

图4-28 创建通用控件库及复合使用

在规范执行中需要注意的问题

在程序开始之前，需要将产品内容沟通好。

规范不是完全不变的，在平时可以收集好问题，在迭代节点进行补充和完善。

规范中多数是通用原则，只有少数部分与产品特点相适应，这部分通常在迭代中逐渐产生。

如果规范太多，那么普适性就会下降。通用的设计规范要尽可能地简单，这样可以使执行更好地落地。

当设计师们在各自探索多样化的创意设计方案时，设计规范对于产品风格统一来说是必不可少的。随着开发内容不断完善，设计师要逐步添加并整合视觉规范文档。设计师需要根据规范跟进效果实现并测试，这关系到产品的最终质量，是设计师的价值所在。

4.2.3 敏捷地追踪

首先设计师要满足每个版本研发的需求，同时随时跟踪实现的问题并进行记录，从而与团队进行同步，在合适的时间段进行统一调整。

设计方案不可能做到完美无缺，改动在所难免，这个时候要注意的是无论变更点有多小，都要做好修改记录，同时告知所有相关人员。因为大家都很忙，没有人每天一遍遍地盯着你的文档，所以有改必录才能做到让每个人心中有数。

很多设计师都不希望刚做完的设计就被告知需要修改。对于这种情况，我们需要思考是哪一种类型的修改，如果只是视觉细节的修改，那么它的优先级要往后排，我们可以先把它记录下来。如果是交互细节上的修改，那么我们可以从整体上思考交互行为如何更加统一，如图4-29所示。

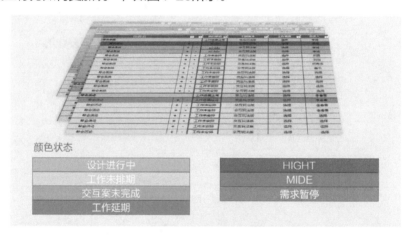

图4-29 敏捷地追踪

有的团队有自主研发的UI编辑软件，这减少了频繁沟通的成本，设计师可以对最终实现效果快速预览或调整；不足之处在于自主研发的软件通常只是程序员单方面的习惯，其易用性对于其他使用者而言存在问题。

比如实时观察的软件PSplay是一个跨终端应用，可以实时在终端设备上预览电脑上的Photoshop设计稿，同步调试及将截图保存到移动终端，并可以通过E-mail、微信等工具即时分享，标注切图给开发者。此外，该软件不断把效果图导入手机上预览，方便设计师核对电脑的设计稿和手机上预览的差距。

4.2.4 优化和迭代

UI不仅不会成为一款游戏失败的主要因素，而且一定能帮助产品获得美誉。因此作为设计师的我们，都希望可以不断打磨自己的设计。只有UI内容在游戏中完全实现，从整体去看问题，才能更容易地在优化的同时打磨风格。比如一些界面的早期版本可能会出现单个方案感觉好、但在整个游戏中形成一定的视觉干扰的情形，这在初期可能不易被发现。

如图4-30所示，每一次分析问题，思考解决方案，都需要朝着一个方向，让整体逐渐完善。一旦方案确定就不要做颠覆性的调整，在UI上进行大改动是非常消耗研发时间的。因为这不仅仅是UI本身的工作，前端工程师和UI设计师要在这方面做更多的沟通工作，并且存在很多挑战。所以坚持最初的想法，可以优化调整，这样才能保证足够快地把产品做出来。当我们能够判断一切都是正确的时，整体替换UI界面可以非常高效。

图4-30　优化和迭代

4.2.5 跟进与验收

对于设计师来说，优秀的方案很重要，但完美还原方案更重要。我们需要把自己当做用户去测试版本。无论是视觉设计师还是交互设计师，对界面内容的熟悉程度都会高于开发人员，所以测试起来也会事半功倍。我们要对自己的作品有所承担，大家相互补充才能做到完美。游戏研发中常出现问题，如资源缺漏、资源错位、界面还原度等，因此设计师会在效果图上进行字体标注、尺寸标注，以及所需资源和路径的标注，有效地帮助前端工程师快速开发，如图4-31所示。

169

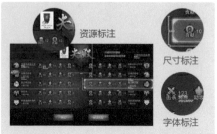

图4-31 界面还原问题验收

游戏上线前会出各种测试版，把测试版跟产品进行对照，就发现问题的地方再次跟开发者沟通，以确认是哪一方出现了疏漏。测试人员是产品上线前的最后一道防线，积极配合他们能让你的设计想法最完整地展现在玩家面前。

4.2.6 合作与联结

对于比较关键的节点，可以邀请同事来体验，通过内部测试可以尽早解决基础问题，当完成一个内部比较认可的版本后，再邀请一些玩家进行调研。游戏上线后，要多关注相关帖子的信息，及时查看用户反馈的数据，解答用户提出的问题。

一个人解决不了所有问题，可以向同组及更多的部门寻求合作，这其中不仅有设计师之间的合作，还有与开发人员及其他职能人员之间的合作。如图4-32所示，以往按照不同职能明确分工，策划人员负责系统玩法、设计师负责设计方案、工程师负责功能实现，如果大家都被动等待，就会造成资源和时间的浪费。

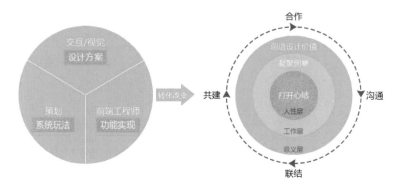

图4-32 多方合作

各个职能的人都需要紧密配合，首先大家都需要具备一定的审美素养并理解程序的实现逻辑。由于思考方式的不同，设计师与策划可能对同一个系统有完全不同的理解，因此尽早沟通不仅可以确定大家的想法是否达成一致，同时也能够凝聚创意，放大每个人的价值。

4.3 移动游戏UI未来的新视角

"移动是VR的未来。"这是Oculus公司CTO约翰·卡马克（John Carmack）在Connect开发者大会上分享的自己对于VR研发的看法，他还谈到了提高游戏质量的方法，比如优化用户界面及在游戏里使用配音等方式。他强调比较多的仍是让开发者们看好移动平台。

移动游戏加上虚拟现实技术，全新的互动方式及更多需要解决的问题，让设计师的认知维度有更大的扩展。在游乐场式的超现实游戏世界中，游戏UI设计师将何去何从？

4.3.1 认知维度的扩展

虚拟现实的研究起源要追溯到20世纪80年代。计算机图形学、人机接口技术、图像处理、传感技术、语音识别与人工智能等多领域技术在20世纪后半期争先恐后地涌出，为今天的虚拟现实产业爆发打下了坚实的基础。虚拟现实技术将这些交叉的前沿学科和研究领域集合起来。从游戏发展史也可以看出，游戏行业也是一直向着虚拟现实这条路发展的。

与早期计算机使用的命令界面相比，图形用户界面（GUI）对于用户来说在视觉上更易于接受；而自然用户界面（NUI）与图形用户界面相比，抛开了鼠标和键盘，人们只需要以最自然的方式与机器进行互动。此外，触控技术、语音技术使人机交互变得更加自然化和人性化。

对显示设备来说，无论是需要坐在电脑前的PC端游戏还是拿在手里随时玩的移动端游戏，每个玩家的视角都是一样的，因为同样是面对2D的显示设备，无论游戏画面是2D还是3D效果，交互方式是点击还是触摸，玩家的体验都可以是自然而然的。

对于虚拟现实来说，坐在电脑前和拿着手机是完全不同的体验，虚拟现实通过特有的技术，将我们引入带有Z轴的第三维度的"真实世界"中，它是360°沉浸式的游戏体验，这是以往任何显示设备的体验达不到的。

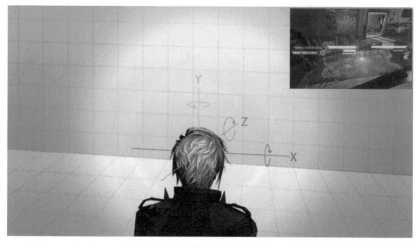

图4-33 虚拟三维空间的右手笛卡尔坐标及视觉舒适区域

如图4-33所示，除了手势输入，VR头盔通过捕捉用户头部运动来让用户操作。在三维空间的右手笛卡尔坐标上，歪头就是roll，围绕Z轴旋转；摇头就是yaw，围绕Y轴旋转；点头就是pitch，围绕X轴旋转。虽然没有窗口边界的约束，人们如同置身于每个方向都无限延伸的虚拟空间，但是人们需要同时处理更多的信息，而视觉的舒适区域有限，因此设计师要考虑UI设计的有效区域。

由于交互方式的很多因素导致移动端游戏无法将PC端游戏直接移植，而在虚拟现实环境中对于环境的感受是需要重新思考的，因此使用虚拟现实设备的游戏也绝不是PC端游戏直接移植的。

4.3.2　全新的互动方式

虚拟现实技术从概念的产生和理论的初步形成到如今的进一步完善和应用，正不断颠覆我们身边的一切，而这种全新的互动方式又发展出不同的趋势。其中被人们耳熟能详的就是VR技术和AR技术。那么VR和AR具体有怎样的区别呢？

VR技术（虚拟现实）

Virtual Reality，简称VR，是利用电脑模拟产生一个三维空间的虚拟世界，为使用者提供关于视觉、听觉、触觉等感官的模拟，让使用者如同身临其境一般，可以及时且没有限制地观察三维空间内的事物。

《实验室》是由Valve建立在名为光圈科技口袋宇宙内的VR实验室模拟游戏合

集，玩家可以在这里体验修理机器人、保卫城堡、领养机器狗等游戏，如图4-34所示。

图4-34　VR游戏——《实验室》

AR技术（增强现实）

Augmented Reality，简称AR，通过电脑技术将虚拟的信息应用到真实世界，真实的环境和虚拟的物体实时叠加到了同一个画面或空间中。这是一种进入式的体验，你感受到那些东西在你身边是确确实实发生的，但它们切切实实地处在另外一个环境里。

在《AR防御》这款塔防游戏中，通过光线跟踪系统识别周围的环境光照，虚拟角色与真实的桌面物体结合，让玩家获得沉浸感更强的游戏体验，如图4-35所示。

图4-35　AR游戏——《AR防御》

科学家们在创造这些将会改变互动方式的技术的同时，也给我们带来了更多的专业术语，如头戴式显示器（HMD）、视野（Field of view）、头部追踪(Head tracking)、眼球追踪（Eye tracking）、模拟器眩晕症（Simulator sickness）等。

对于日常生活中带有真实屏幕的传统设备，我们很清楚使用怎样的交互形式。而在VR的三维自由空间中，我们很难把鼠标的平面运动直观映射在三维空间中。从最初的文字MUD游戏到二维游戏再到网络三维游戏，游戏始终追随科学技术，在保持其实时性和交互性的同时，逼真度和沉浸感正在一步步地提高。

4.3.3　心理和生理问题

当人们体验VR硬件时，一般人在5到10分钟后就开始感到疲劳，产生恶心、眩晕感。为什么会有这样的反应呢？

人的身体有六大基本感觉系统，分别是视觉、听觉、嗅觉、味觉、触觉及前庭平衡觉，此六大基本感觉系统相互交叉互动，促成身体的深感觉成熟，形成了本体觉和动觉（关节活动觉）。除触觉系统之外，前庭觉是身体智能发展最关键的一个神经系统。

有人把触觉系统比喻成身体神经体系的"营养品"，把前庭觉系统比喻成感觉信息进入大脑的"门槛"。在现实世界中，人们也会由于飞机、汽车的颠簸出现眩晕感，并且也有人因各种感觉系统发育比较差，造成手眼难以协调配合，这就好比游戏世界中一个因不能很好适应而操作水平很差的玩家。

因此在VR体验中眩晕这个问题的根源是，现实世界中玩家处于静止状态，但是进入到虚拟现实中，他们的视角却在环境中不断移动。因为缺乏一个像人类从婴儿期成长到少年期的适应过程，使用者还不能适应这种生理环境的变化。

当使用者大脑被视觉、听觉和身体各种信号相冲突时，前庭觉就会失衡，大脑会快速做出判断，认为个体受到病毒入侵，人体自身的防御系统产生类似中毒后的自我保护反应，导致人体出现恶心、呕吐等症状。因而从交互和视觉两方面都需要考虑是否会给玩家带来不舒服的体验。

从交互设计方面需要注意以下三点。

- 手柄交互。
- 手势交互。
- 眼球追踪。

图4-36 交互设计的注意事项

以游戏主机为主的VR设备，延续着用外置手柄设备进行物理交互的方式，是自然且符合人性的，如图4-36所示。

其中眼球追踪需要频繁转动头部，这样会让用户眩晕疲劳，因此要尽量减少这种不良体验，就要尽量避免移动摄像机，并且用户尽量少移动头部。

除此之外，要想降低用户认知负担、快速上手从而获得良好的体验，依然可以运用交互设计的通用法则，即界面的一致性、简单、反馈等。

一些项目测试发现很多VR用户喜欢在坐着而非站立状态下使用设备，并表示长时间使用会感觉非常疲惫。这就需要避免出现反复切换和关闭的操作，更智能地"播放"。尽可能地确保用户仅在必要的时候通过触控板完成较高精准度的操作。

举例来说，当玩家通过手势操控火元素或水元素时，手做出投掷动作就可以投掷出火球或者水球，合上手则能吸收周围的天地元气治愈自己的伤。而游戏可以在后台提供准确率，根据手掌投出的方向进行智能吸附，无需玩家非常精准的控制。这样的优化效应积累起来便能提高产品的舒适度，让玩家更容易沉浸其中。

从视觉设计方面需要注意以下三点。

· 空间距离。

· 大小比例。

· 视觉区域。

视场深度（Z轴）也就是视觉元素与人眼的距离，它在VR设计中是非常重要的。太近会难以聚焦，太远会看不清信息内容。

人与虚拟环境的比例关系也会对体验的舒适度产生影响，玩家自身比例越大，他们越会感到自信与强大，反之则会有压抑和渺小的感觉。

无论是PC端还是移动端，我们都习惯从上自下、从左到右来逐步接收屏幕上的信息。然而在VR环境中，处于视觉焦点的位置始终拥有最高级，如同在现实场景中，我们总会关注与自己最近的物体一样。因此我们可以充分利用景深这一关键的要素来构建VR界面的信息层级。

人类视野中央区域所分布的视锥细胞比视网膜边缘的更多，因而人眼的空间分辨能力从中央到边缘逐渐减弱，导致边缘的物体看得模糊。因而游戏UI界面与人眼的空间距离、元素的大小比例、视野的区域需要一个合理的范围。

谷歌设计师在实际设计过程中发现，UI元素控件可以随用户的交互动机而改变其在视觉深度（Z轴）上的位置，如图4-37所示。也就是以默认状态到注视状态再到选中状态UI控件与用户的空间距离会逐渐缩小。通过构造景深可以帮助人们感知自己与界面元素之间的位置关系，这也让人们在进行界面操作时感到更轻松。

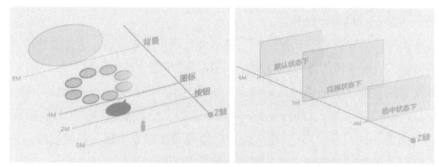

通过视觉深度（Z轴）来构建VR界面的信息层级和不同状态

图4-37　视觉设计注意事项

人类感觉统合的基本能力是与生俱来的。现实中人类从小与周围事物保持接触，接收环境信息的刺激，并主动让身体和大脑相互协调以适应环境的挑战，不断促进大脑和身体的发展完善。而我们刚刚进入VR世界，感觉统合需要一个过程，相信不久的将来一切不适感都可以解决。

4.3.4　超现实VR游乐园

科幻小说家阿瑟·查理斯·克拉克（Arthur C. Clarke）的"克拉克三定律"中有一条是"任何足够先进的技术，初看都与魔术无异"。

为了提高游客的沉浸感，早在20世纪80、90年代迪士尼就开始着手研究虚拟现实技术。更多虚拟现实技术也被不断整合到迪士尼乐园的娱乐项目中。

美国环球影城有多个虚拟主题公园。它们通过普通的3D眼镜，用虚拟建模渲染及360°环拍视频，结合座椅摇晃、震动等方式来增强游戏的沉浸感。在体验的过程中，从体验馆的外观造型、入口到排队过道的装饰，以及座椅的造型都完全还原电影，即便是工作人员也穿着剧情中的服饰，表现出紧迫的状态和符合情节的语调，从多方面做足了沉浸感的功课，让游客有一种非常真实的与剧情互动的感受。

如图4-38所示，变形金刚3D中的虚拟过山车属于最新一代的主题公园体验性项目。从入口、过道到转盘，每个地方都高度还原电影中的场景，而且工作人员也穿着电影中美国大兵的服装，表情和话语都很入戏。当进入体验舱后，三维高清媒体、惟妙惟肖的飞行模拟技术和世界上先进的实体与特技效果的完美结合，将人体的感官体验提升到极致。作为剧情中的一部分，玩家置身于威震天与擎天柱之间的殊死决战，随之上天入地并参与威震天和擎天柱之间的生死搏斗，从高潮部分到下降情节，整个过程完全符合好的戏剧节奏模型。

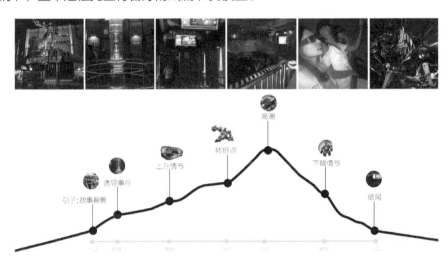

图4-38 环球影城的变形金刚3D对决之终极战斗

此外，美国犹他州一家公司准备打造一个虚拟现实主题公园，目前这个项目命名为"The Void"，项目的宣传片相当酷炫，在这个主题公园里，你只要戴上特制的头盔，并穿上带传感器的衣服，就能体验虚拟现实技术带来的科幻作战体验。

有研究表明，人类的行走是通过视觉来引导的，如果缺少视觉辅助，那么大脑的感知能力会被极大地削弱。虚拟现实主题公园是利用 VR 头显的图像来欺骗游客的视觉，利用立体声的音效来欺骗游客的听觉，并且利用"重定向行走"的原理来引导游客的行动。

Oculus公司移动业务副总裁Max Cohen表示："当你使用VR的时候，你的大脑会形成自己身处这些地方的记忆。"游乐园就像是在现实世界里创造的一个梦境，是了不起的魔法，超现实的VR游乐园更像是利用神奇的魔术，把你带到了另一个世界。你感觉自己就在现场，因此也形成了你在现场的记忆。

4.3.5　工具和方法探索

设计工具探索

过去40多年，设计师在人机交互及图形界面领域做了很多探索，对人类心理及行为特征、设备特性等方面也保持着高度的敏感，这些都是我们探索新世界的宝贵资源。

然而在虚拟现实中，作为游戏UI设计师的我们，需要具备什么样的知识和技术呢？

首先，基本设计理论是不能剥离的，其次，要清楚设计的界面将不局限于某个设备的屏幕，设计的界面不一定是二维的平面，可以是曲面，也可以是三维的空间，或者整个世界都是你的屏幕。

虚拟交互设备大部分依赖于动作来反馈和交互，因此离不开运动学知识。设计时要考虑人眼轨迹、人眼聚焦、身体动作与界面的交互，而不只是鼠标或手指与屏幕的交互。初期的VR用户同样会带着长久以来的2D操作习惯进入3D世界，所以至少在当前阶段，PS、AI、AE、Sketch这些都是需要的。由于是基于三维的场景，所以我们还可以学习一些三维工具，如3D Max、Maya、C4D，这些是三维影视常见的制作工具。图4-39是科幻概念艺术家Rahll在电影《饥饿游戏》中的设计，这些其他领域的前沿的概念设计可以给我们很多启发。

图4-39　科幻概念艺术家Rahll在电影《饥饿游戏》中的设计

AR游戏UI设计会比传统的UI设计更复杂，因为需要考虑到视觉空间、深度等方面，好比手机游戏UI设计经常需要用到图像在手机上的实时对比，所以能够观察VR中的实际效果将会对设计过程非常有用。虚拟世界大部分是基于三维的设计，甚至也可能会加入听觉、嗅觉等其他感官设计，这些设计最终的目标都是为了实现更好的体验。

设计方法探索

虚拟现实给游戏玩家带来更加身临其境的体验，让游戏玩家真正跨入第四道墙，仿佛置身于异次元空间，获得真实体验。随着VR的兴起，未来UI的发展趋势应该是更具有空间感的，游戏UI与游戏环境和剧情更为融和。

在VR环境中视角是无边界的，因此我们也无须把它限定为2D菜单界面形式，可以将它融合在游戏世界的物品中，还可以与剧情相关，因此关于情景学习和互动叙事相关的知识会得到更广泛的应用。如图4-40所示，在工业设计、影视设计及建筑设计等多种领域可以看到与人机交互相关的概念设计。

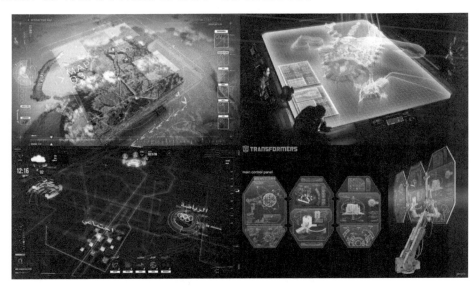

图4-40　多种领域的人机交互概念设计

很多主机游戏不仅在沉浸感方面的研究走在时代前沿，也最早通过将UI融入剧情与场景中，让玩家可以通过视觉、听觉或者触觉与其进行交互。这不是单方面强调游戏UI的视觉表现，而是从整个游戏的用户体验角度考虑，促进玩家更好地融入游戏情节，获得更好的沉浸式游戏体验。

比如《死亡空间》的血量。这款游戏最有名的创新在于其UI设计一反传统射击游戏的菜单信息界面设计，子弹数量和血槽的显示是直接整合在枪和角色身上的。

通过3D全息影像，玩家可随时就地整理枪械、弹药、物品，查看地图。这种UI设计方式不仅受到了广泛赞赏，同时也对虚拟现实体验有更好的启发。

《剑灵》的快乐大转盘放弃了用传统弹窗界面的形式来强化游戏的剧情感，它将信息融合在游戏场景画面中，如图4-41所示。当然这种方法也需要考虑尺寸和比例，避免影响玩家的浏览体验。只有UI元素符合玩家对生活常识的认知并被恰当运用，才会让玩家感觉更自然、更容易接受。

图4-41　场景中的交互——《剑灵》快乐大转盘

有时候为了让玩家感觉仿佛拥有了金手指，对游戏世界的事物在冥冥之中全都了如指掌，游戏会将一些提示信息巧妙隐藏，融合进体验过程中。比如一些游戏在玩家接收任务之后，不提供自动寻路，这在某种程度上增加了游戏的难度，但另一方面又在场景中增加了一些若隐若现的光点轨迹，无形中为玩家指明了道路。《求生之路》的角色轮廓可以告诉玩家目标角色的位置。这种方法减少文字信息对玩家的频繁打扰，避免过于自动化带来的操作乐趣的缺失。

想象一下，在VR的世界里查看自己角色的详细情况，需要用怎样的形式展开，而这时的系统反馈是什么，怎么显示角色信息呢？这时候UI设计师可能需要根据实践经验进行创造了。比如有一个私人的衣帽间，我们通过镜子来看自己的形象，从衣橱里面查找自己的时装配件。我们需要逐步建立起对临场感和沉浸感的认知，并将用户一点点引入到令人兴奋的新交互方式当中。

对于不同类型的UI表现形式，尽量做到不给玩家带来疑惑，保持体验的一致性、易读性和流畅性。虚拟现实的崛起让新的交互形式不依赖屏幕这一媒介，相信不久的将来，拥有极强创造力的设计师们，能通过设计来充分发挥虚拟世界的强大力量，为玩家提供更真实的游戏体验。

4.4　小结

随着移动通信网络和移动终端设备的飞速发展，智能手机给人们的生活和工作带来越来越多的改变。游戏行业的每一个发展阶段都跟新的技术、新的终端设备密切相关。从主机游戏、PC端游戏、页游的发展历程来看，移动端游戏的发展速度远远超出过去的游戏类型。越来越多的团队及设计师进入移动端游戏的UI设计领域，为移动互联网行业的蓬勃发展做贡献。

在不同的时代背景中、不同的公司环境下、不同的团队模型里、不同的开发时期，游戏UI所发挥的作用和面临的挑战都是不同的。当今时代对于设计师的要求越来越高，设计师必须具备更综合的能力。

设计师不一定要去学代码，也不一定要去学写策划案，但至少不要只是埋头做设计需求，要深入思考需求源头是什么，为什么而做，要达到什么目的，哪些相关知识可以帮助自己做出更好的设计，而不是学习更多软件，完成更多任务。工具和技巧都是有时效性的，如果想走得更远，需要不断更新自己的思想。

第5章

游戏UI风格与趋势探索

一个游戏产品的视觉风格如同一个人的外貌，影响着玩家对游戏的第一印象。每一种风格都是不同时代、地域、人群对文化理解的体现。单从其他商业作品中提取出来的视觉符号无法达到超越其本身的目的。要想把握趋势，就要研究趋势的本质属性，然后将其重组，以适合当下的形态展现出来。那些具有突破性的游戏UI，是设计师首先根据产品的独特性进行解读，然后大胆尝试突破，将不同游戏元素加以提炼融入界面的成果。

5.1 游戏类型和题材对设计的影响

我们在第3章提到过，开始游戏UI设计之前，首先要确定项目的游戏类型，这包括了解你所设计的游戏主要玩法是什么、给谁玩和怎么玩。其次要确定项目的游戏题材，这包括了背景年代、故事剧情和美术风格等。这样才能更好地设计和规划游戏UI的整体色调、可用图形及质感和文字等内容。游戏类型指导着交互设计的操作布局，游戏题材指导着视觉设计的风格表现。交互设计的布局制约着视觉设计的创意表现，视觉设计的效果会影响交互设计的逻辑关系。

早期的电子游戏是游戏类型决定游戏玩法，而近些年游戏内容变得更加丰富，不同类型游戏之间的玩法和内容有了重叠和交叉。单类游戏已经逐渐减少，取而代之的是结合多种特点的大型游戏，于是各种游戏的类型又有交融的趋势。

按游戏载体平台来分，主要有街机游戏、主机游戏、PC游戏和手机游戏。

按经典的游戏玩法和目标来分，主要有角色扮演游戏、动作游戏、冒险游戏、模拟游戏、即时战略游戏、格斗游戏、射击游戏、第一人称视角射击游戏、益智游戏、竞速游戏、卡牌游戏、桌面游戏和音乐游戏等。

1. 角色扮演游戏（Role Playing Game，RPG）

角色扮演游戏主要是由玩家扮演一个或数个角色，带有完整故事情节的游戏，如图5-1所示。RPG类游戏通常有非常丰富的世界观背景，强调剧情发展和个人成长体验。战斗方式包括回合制和即时制，通常有多种剧情且任务难度适中，代表游戏如《龙腾世纪：起源》《仙剑奇侠传》《最终幻想》系列等。

由RPG类游戏发展出的ARPG类游戏及MMORPG类游戏，系统功能庞大且复杂，交互内容和操作难度也在增加。在设计中通常强调故事感、成长感和获得感，如《暗黑破坏神3》中频繁的金钱和武器的奖励，让玩家追求财富。

图5-1　角色扮演游戏

2. 动作游戏（Action Game，ACT）

动作游戏主要指由玩家控制游戏角色，通过各种道具和武器消灭敌人以过关的游戏，如图5-2所示。ACT类游戏的设计主旨相对来说以娱乐为目的，一般有少部分简单的解密成分。玩家主要控制跳跃、攀爬等动作，代表游戏如《星之卡比群星联盟》《波斯王子与遗忘之沙》《刺客信条》系列等。

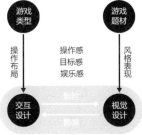

图5-2　动作游戏

ACT类游戏更关注当前场景中的目标，像是单线的电影。因此系统内容较少，交互内容和操作难度也适中。在设计中，ACT类游戏通常强调操作感、目标感和娱乐感，如《超级马里奥银河2》中简单的操作和轻松的游戏方式，通过巧妙的关卡让玩家体验游戏的乐趣。

3. 冒险游戏（Adventure Game，AVG）

冒险游戏主要是指由玩家控制游戏角色进行虚拟冒险的游戏，如图5-3所示。AVG类游戏的特色是故事情节往往以完成一个任务或解开某些谜题的形式出现，而且在游戏的过程中强调对冒险刺激氛围的渲染。

AVG类型游戏中偏动作类的游戏包含格斗和射击成分，如《生化危机》系列和《古墓丽影》系列。解谜类的游戏则纯粹依靠解谜来拉动剧情发展，其代表作如《神秘岛》系列。在设计中通常强调神秘感、紧张感和剧情感，如《最后生还者》中玩家和角色融合在一起，只有必要的时候才会出现UI，通过剧情交互来获得沉浸式体验。

《生化危机5》　　　　《古墓丽影：崛起》　　　　《最后生还者》

图5-3　冒险游戏

4. 模拟游戏（Simulation Game，SLG）

模拟游戏也叫策略游戏，它试图通过模拟现实生活的各种形式，获得更多"上帝视角"的真实体验，如图5-4所示。SLG类游戏的特色是：系统功能更具有深度、信息数据更加庞大，而且在游戏的过程中需要分析和预测各类情况，代表的游戏如《三国志》系列、《模拟人生》系列、《模拟城市》系列等。

SLG类游戏中包含回合、策略和沙盘战旗等形式。在设计中通常强调掌控感、成就感和真实感，如《文明6》在尝试伟大文明的过程中，玩家要通过文化、外交和战争来正面对抗历史上的众多伟人，这是现实生活中普通人生所不能体验的经历。

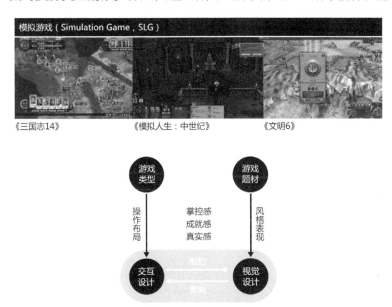

图5-4 模拟游戏

5. 即时战略游戏（Real-Time Strategy Game，RTS）

即时战略游戏最初属于策略游戏的一个分支，由于其在世界范围内迅速风靡，慢慢发展成一个单独的游戏类型，如图5-5所示。RTS类游戏的特色是需要大量操作和配合，玩家需要通过多种快捷键设置，在场景中高效战斗，因此上手难度较大，代表游戏如《命令与征服》《红警》《星际争霸》等。

从RTS类游戏发展出的MOBA(Multiplayer Online Battle Arena)类游戏，中文译为多人在线战术竞技游戏，通常无需操作建筑群、资源和训练兵种等单位，玩家只要控制自己的角色，代表游戏如《DOTA》《英雄联盟》《风暴英雄》等。MOBA类游戏在设计中通常强调操作感、配合感和荣誉感，如《魔兽争霸3》游戏通过强调不同种族来加强战队意识，优秀的平衡性给操作带来乐趣，独创性的战争战术系统让玩家从配合中获得荣誉。

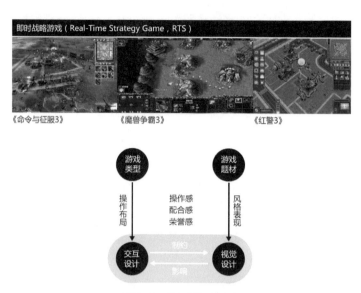

图5-5　即时战略游戏

6. 格斗游戏（Fighting Game，FTG）

格斗游戏是指一个玩家所控制的多种角色与电脑或者另一个玩家所控制的角色进行格斗的游戏，如图5-6所示。格斗游戏采用积分系统和弹性挑战模式，因此操作难度较大，玩家需要依靠敏捷的判断力和微操作取胜，代表游戏如《街霸》系列、《拳皇》系列、《侍魂》系列等。

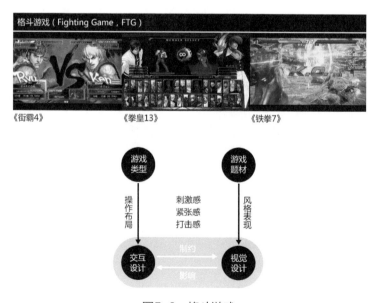

图5-6　格斗游戏

格斗游戏在设计中通常强调紧张感、刺激感和打击感，如《铁拳7》中战斗场景的人物、血条、技能和连招的强表现带来的打击感和冲击力，配合着声音和手柄的震动，让游戏过程充满紧张刺激感。

7. 射击游戏（Shooting Game，STG）

射击游戏是指由玩家控制各种飞行物（主要是飞机）完成任务或过关的游戏，如图5-7所示。STG类游戏的特色是需要玩家操纵飞机发射子弹来击毁敌机，同时需要躲避敌机的攻击，因此具有较高难度，代表游戏如《雷电》《皇牌空战》系列、《苏-27》等。

STG类游戏在设计中通常强调节奏感、紧张感和速度感，如《沙罗曼蛇5》画面色彩的对比和背景音乐突出了游戏的紧张感和速度感，它还通过增加策略要素和道具模式来丰富游戏的节奏感。

图5-7　射击游戏

8. 第一人称视角射击游戏（First Personal Shooting Game，FPS）

第一人称视角射击游戏是指以玩家主观视角来进行射击的游戏，如图5-8所示。严格来说，它属于动作游戏的一个分支，由于其在世界范围内迅速风靡，因而发展成了一个单独的类型。FPS类游戏通过竞技性来激发获胜者的满足感，特色包括射击准星和战略技巧等，如《使命召唤》系列、《反恐精英》系列、《光环》系列等。

FPS类游戏在设计中强调操作感、配合感和荣誉感，如《守望先锋》中的英雄设定更多元化，降低上手难度，让玩家之间更容易配合并获得荣誉感，这是它有别于其他FPS类游戏之处。

图5-8　第一人称视角射击游戏

9. 益智类游戏（Puzzle Game，PZL）

益智类游戏中的Puzzle原意是指用来锻炼儿童智力的拼图游戏，后发展出各类有趣益智的游戏，如图5-9所示。益智类游戏的特色是轻松休闲和容易上手，如《开心消消乐》《填字解谜2》《天天爱消除》等。

益智类游戏在设计中通常强调趣味感、爽快感和轻松感，如《祖玛》系列中弹珠绚丽的色彩、撞击的动感和丰富的动画特效都让人印象深刻。

10. 竞速游戏（Racing Game，RCG）

竞速游戏是指在屏幕上模拟各类赛车的游戏，目前也发展出赛马和赛艇等其他模式，如《跑跑卡丁车》《摩托英豪》《山脊赛车》等。

RCG类游戏在设计中通常强调速度感、刺激感和真实感，如《极品飞车19》因逼真的场景、与现实映射的车载UI界面、惊险刺激感为玩家所喜爱，如图5-10所示。

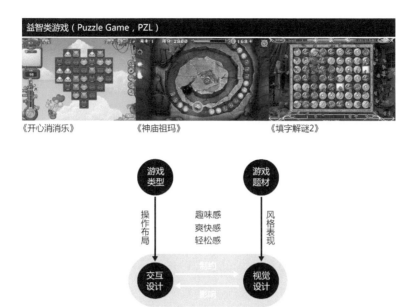

图5-9　益智类游戏

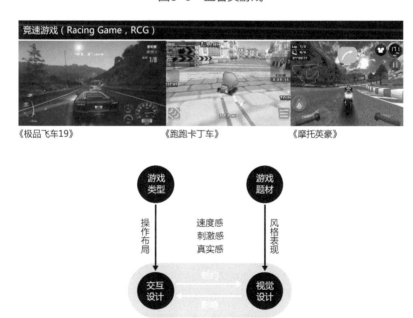

图5-10　竞速游戏

11. 卡牌游戏（Card Game，CAG）

卡牌游戏是指玩家操纵角色通过卡片来进行战斗模式的游戏，如图5-11所示。CAG类游戏的特色是严谨的对战规则和丰富的卡牌数量，如《三国杀》《万智牌旅法师对决》《游戏王》等。

CAG类游戏在设计中通常强调搜集感、养成感和策略感，如《炉石传说》通过大量设计丰富的卡牌和抽卡、合成的动画效果来加强搜集感和养成感；通过拟物式界面与场景的融合、对战场景使用的立式排库等方法，多方面降低玩家学习成本和上手难度。

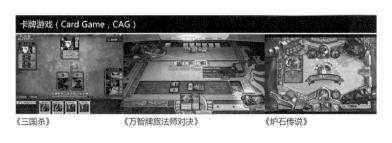

《三国杀》　　　　　《万智牌旅法师对决》　　　　　《炉石传说》

图5-11　卡牌游戏

12. 桌面游戏（Table Game，TAB）

桌面游戏是指从真实桌面游戏移植到屏幕上的游戏，如图5-12所示。这类游戏通常需要用掷骰子的方法来决定移动格数，此外还需要一定的策略，如《中国象棋》《德州扑克》《大富翁》等。

TAB类游戏在设计中通常强调真实感、娱乐感和策略感，如《欢乐四川麻将》中模仿真实场景中麻将桌面的情景，如翻牌和掷骰子等动画，以及丰富的规则提示，给玩家很强的娱乐感和策略感。

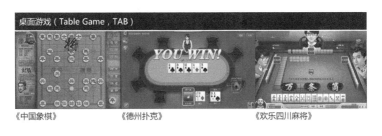

《中国象棋》　　　　　《德州扑克》　　　　　　《欢乐四川麻将》

图5-12　桌面游戏

13. 音乐游戏（Music Game，MSC）

音乐游戏是指通过模拟器（键盘或踏板）来培养玩家增强音乐感知力的游戏，如图5-13所示。MSC类游戏的特色是考验玩家对节奏的把握，以及眼力、反应能力和肢体的配合能力，如《太鼓达人》《Djmax Trilogy》《热舞派对》等。

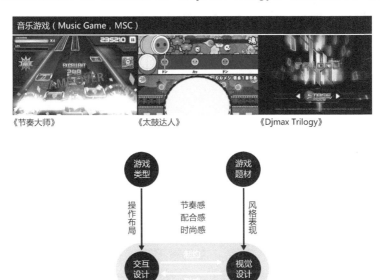

《节奏大师》　　　　　《太鼓达人》　　　　　《Djmax Trilogy》

图5-13　音乐游戏

MSC类游戏在设计中通常强调节奏感、配合感和时尚感，如《节奏大师》的操作方式包括单键点击和滑动屏幕，让玩家体验到了丰富的操作配合，而酷炫的特效和声效加强了整体界面的时尚感。

这些不同类型和题材的游戏，它们的游戏视角、游戏操作和游戏环境都是不同的。由于游戏引擎、程序底层的代码逻辑及故事性等多方面原因，游戏的画面环境要选择不同的表现效果。这些不同的组合造就了不同的游戏体验，所以这对游戏UI的设计来说是有很大影响的。以上对不同游戏类型和题材的归纳整理，目的是为了便于分析，而游戏类型的不断发展和自身定位的不同，也是需要设计师不断深入理解的。

早期的电子游戏的视角都是锁定的，随着显示技术的进步，游戏视角发展出了多种可能性，但许多主流视角早期就出现了，视角的基本元素没有改变。直接向下，以某种非自然角度俯视的视角可以方便查看全局和地形，这种视角被广泛运用到塔防类型的游戏中；侧身平行的控制类视角，玩家只能在平面间控制，比较熟悉的如横版过关游戏；三维空间内非线性视角，可以让玩家纵观全局，观察到更多的可视空间，如大型角色扮演、策略、模拟经营类游戏。除此之外，还有第一人称视角和第三人称视角，前者直接将玩家带到游戏角色的位置上，更容易通过紧张感创造戏剧性的环境；后者通常需要玩家对游戏人物进行更多动作细致的操作。

从游戏操作类型来说，游戏分为复杂操作游戏和简单操作游戏。喜欢复杂操作的多为比较高端的玩家，通常喜欢大量的界面信息及简洁的界面设计，如《魔兽世界》中一些高端玩家自制的HUD界面，内容之多令人惊叹。而喜欢简单操作的游戏玩家，一般是新手，他们接收信息的数量有限，更喜欢绚丽的画面效果和简单少量的信息。因此设计时需要考虑普通玩家的接受程度，因为即便随着玩家的成长，游戏语言被广泛接受，还是会有新的玩家进入游戏。

不同的游戏画面影响着我们对游戏的看法，而不合适的视觉语言带来的游戏画面会有违和感。例如做一款成人未来科技背景的游戏，同样都是炫酷的视觉元素，由于比例或节奏的不合适会呈现出低龄的感觉，这会让游戏品质大打折扣。

如果把一套为符合次时代效果的3D画面而设计的简洁风格的UI放到2D场景中，会让人感觉单薄简陋。3D画面的光影细节带来巨大的信息量，如果加入大量的厚重界面装饰，反而降低了画面的代入感，而如果在2D场景略显单调的画面上加上细腻的界面装饰，反而会提升品质感，如图5-14所示。

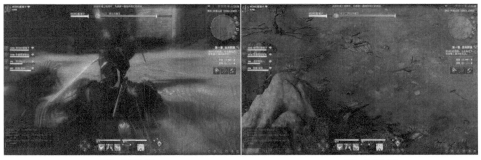

3D游戏场景　　　　　　　　　　2D游戏场景

图5-14　相同UI界面在不同场景中的效果

因此设计游戏UI的时候，需要同时考虑游戏类型和游戏风格，根据不同的视觉感受来思考怎样才能让目标用户获得最理想化的游戏体验。不合时宜的设计，会令视觉效果大打折扣。

5.2　如何设计游戏UI的风格

风格带来某种思想和某种情感，对于游戏来说风格并无好坏之分，只要找准符合游戏自身所要表达的核心风格就能达到其目的。任何风格都有其特点，弄清楚每种风格的特点才能够娴熟使用。

如果把产品比作一个人，我们可以用热情、严肃、冷漠、可爱之类的字眼去描述它带给我们的情绪感受，甚至应该在某个维度继续细分，比如热情也可以分为：满腔热血、盲目崇拜、不拘小节等维度，而这些情绪感受由细节表现，比如不拘小节可能会表现在一个人的言谈、穿着、行为等各个方面。

回到产品本身，当定义了我们所期望达到的产品气质和情感目标之后，就应该根据这个目标的细分维度进行细化提炼，找到构成这些个性感受的核心组成要素，如图5-15所示。

以写实风的项目为例，我们可以从下面几个角度思考。

从时间维度来看，是古代、现代，还是未来？

从空间维度来看，是东方大陆、玛雅传说，还是架空世界？

从表现维度来看，是卡通风，还是机械风？

从情感维度来看，是阴暗的，还是光明的？

有了这些细分维度的特征后，把这些细分维度的特征组合起来就能得到产品鲜明独特的定位。然后根据这个核心定位去找那些能最大化承载和展现个性的关键性组成元素。如果以这样的思路逐步推导和确定下来，再结合一些头脑风暴的技巧和方法，那么相信提炼设计个性关键词这个问题就一点也不复杂了。

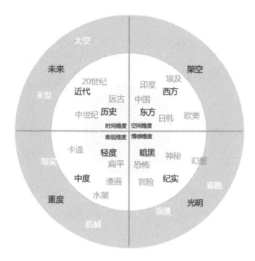

图5-15　风格维度定位图

随着制作经验的不断积累，设计师逐渐开始创造游戏UI的视觉风格。现在处于风格多元化的时代，人们需要待在家里的亲切感，也需要寻找新鲜的未来感。因为过去几个类别鲜明的风格通过不同的组合和变化形成了新的风格，满足了现代用户的审美需求。

如同其他的系统设计，风格设计同样需要经历最基本的需求分析、设计定位、风格确定和细节调整几个阶段，如图5-16所示。由于公司项目的不同，设计风格有可能由设计总监确定，也有可能是团队集体意见的结果。每一个节点的内容深度、广度及时间和循环周期略有不同。

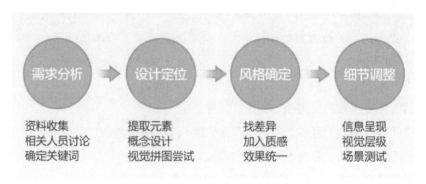

图5-16　风格设计的流程

1.需求分析阶段

首先进行资料收集，收集项目的美术原画、竞品游戏的视觉参考等。而游戏UI的视觉风格需要充分考虑游戏的美术风格、玩法特性，明确了这个观点能够帮助我们准确地进行资料收集。根据项目的情况，可以进行内部访谈，也可以对用户进行研究，目标玩家是谁，为谁而设计，与相关负责人讨论并提出建设性的观点，帮助其梳理和确定关键词。了解设计的目的才能够分辨出那些适合我们的优秀的部分。

2.设计定位阶段

项目的核心理念决定设计的方向，设计师需要将确定的关键词根据已收集的资料进行元素提取，明确与其他游戏有什么不同。风格体验首先入眼的是色彩，其次是质感，具象的关键词可以帮助我们找到合适的图形和色彩，而抽象的关键词可以帮助我们把握风格的尺度。将设计元素通过视觉语言进行组合，从概念设计逐渐去尝试视觉拼图。核心特点决定了设计的战略，找出产品的关键点，才能准确定位并赋予情感化。

3.风格确定阶段

根据产品特点寻找差异的可能性，加入不同质感的尝试，逐渐形成统一的效果。用户理解视觉设计的过程首先是在能够感知的基础上产生一定好感，达到喜欢的程度才会对其风格内涵产生理解。因而自身产品的特点表达不明确，就很难让目标用户形成好感并接受。视觉风格是一个很主观的感受，个人主观的设计和需求方的审美恰巧一致，是可遇而不可求的，通常情况下我们需要通过有效的沟通，来帮助需求方更充分地理解我们的设计。

4.细节调整阶段

一方面调整界面信息和视觉层级的呈现；另一方面要考虑风格的普适性，通过对不同系统和不同场景的模拟测试，可以避免在风格确定后的铺量工作中出现返工。细节调整通常在风格确定之后，通常非设计专业出身的同事比较难分辨出微弱的色彩和质感的调整，在没有确定风格版本的情况下，过早的陷入细节调整会影响开发的效率。

下面通过案例来讲解不同的视觉风格，如卡通漫画风格、简约扁平风格和厚重写实风格，在不同项目需求中的设计过程。

5.2.1 卡通漫画风游戏UI

非写实类风格发展出如卡通、漫画、Q版、像素等多种风格，那些需要展现可爱、清新或童话感觉的游戏，例如搞笑类动作游戏、休闲类桌面游戏，通常会使用这种风格。卡通风格的游戏从画面上看起来就让人感觉温暖舒服，每个玩家都可以体验到那种可爱的画面带来的愉悦感。

经常会有人问卡通和漫画有什么区别，对于一些名词的理解，或许因为每个人接触角度的不同，所以理解有一定的不同。

卡通（Cartoon）的一个意思是造型简单、面向儿童的电视动画片，比如美国著名卡通影片《海绵宝宝》《飞天小女警》。另外一个意思是指草图，还有一个意思就截然不同了，指的是寓意深重的、饱含社会时事的幽默和讽刺色彩的单幅漫画。

在欧美常用Comics和Manga来区分漫画中的美漫和日漫。美漫的特点是画风粗放，造型多以写实为主，兼有夸张风格，属于基于写实基础的夸张变形，如《超人》《蜘蛛侠》《美国队长》等。日漫多以细腻为主，无论少年漫画、少女漫画或成人漫画均是如此。日漫的造型主要以夸张为主，兼有写实风格，如《哆啦A梦》《美少女战士》《灌篮高手》等。

图5-17用象限区间来对卡通风格和漫画风格进行分析。通常情况下卡通给人的印象更简化，具有广泛的适应性，而漫画有更多细节和个性及世界观。热爱ACGN的文化圈对小说、动画、漫画、游戏等作品中的虚构世界进行融合，用萌化、少女化、拟人化的手段，将现实世界的规则和定义削弱软化，带有强烈的游戏感和超现实的想象力和审美趣味。

图5-17　卡通漫画风格分析

如今很多卡通漫画风格的游戏都加入了写实手法和3D视角，交叉出丰富多彩的视觉风格。满足玩家多元化的口味，让玩家能轻松地进行游戏，而不用太费脑子去思考复杂的东西。而且非写实风格的游戏在同等开发进度的情况下，卡通漫画风格的游戏制作周期比按真实比例制作的游戏的周期短。

卡通漫画类风格通常从感官世界的自然生物和幻想生物等原始素材中进行提取、挖掘、重塑并在实现上呈现信息简化的特征。由于其独特的趣味性、娱乐性更容易让人理解和接受。

美食休闲项目案例

1.需求分析

先通过内部访谈了解产品定义，提炼客观而具象的关键词。

在风格设计前，尽可能地收集项目资源。通过内部访谈我们了解到这是为女性玩家设计的一款休闲手游，游戏背景处于架空的美食糖果世界。根据图像素材与需求方沟通，需求方表示希望能够在游戏界面中体现Q弹、好吃、萌的感觉。在这过程中所提炼的关键词能帮助设计师进行设计定位，如图5-18所示。

图5-18 需求分析

2.设计定位

通过思维导图的方法将关键词图库进行有效筛选。

从具象关键词的图库中，我们可以找到少女、美食、休闲带来的风格感受，而从抽象关键词的图库中，我们找到符合萌、Q弹、好吃感觉的色彩、图形和质感，如图5-19所示。将设计元素通过视觉语言进行组合，尝试从概念设计逐渐形成视觉拼图。

图5-19　具象关键词和抽象关键词

好的核心定位未必是高深的或者夺目的，而是那些能够深深触动玩家，并引发他们强烈的心理认同和情感依托的。这其中包含着设计师想借助视觉和游戏形式向玩家传达的核心设计理念，以及所期望引起的情感共鸣。

3.风格确定

将抽象的关键词进行视觉图形化输出。

从上面的关键词图库中可以看到，糖果的图形和色彩最丰富，所以从糖果提取图标所需要的图形及配色；巧克力蛋糕的体积的自由度比较高，所以选择它作为界面框体，考虑视觉的舒适度，因而选择色彩更柔和一些的；奶酪从色彩和质感方面都比较柔和，所以提取它作为界面和按钮所需要的辅助元素，如图5-20所示。

根据产品的需求特点，相比同类型休闲游戏，设计师在简化的图形上加入更多真实的色彩和质感，目的在于营造出美味这一感受，但仍然需要考虑视觉层级这一问题，相对于可以点击的图标、按钮，界面框体的质感是需要弱化的。

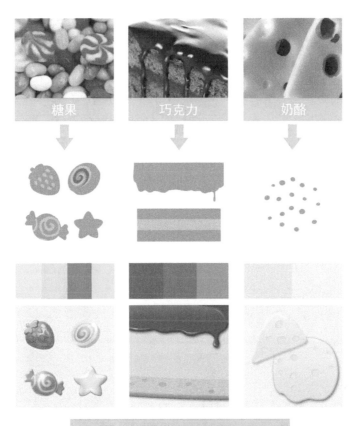

提取美食的图形、色彩和质感

图5-20　将关键词视觉图形化

4.细节调整

多场景测试预估界面风格在各种色彩环境下的通用性。

将已经确定好的视觉元素，按照合理的信息布局和视觉层级逐步制作。

首先从界面全局入手，从下至上逐步添加界面内容元素，如图5-21所示。这样可以更好地区分背景与主体的关系，形成更好的视觉层级。通过加入真实的游戏场景和内容，测试界面色彩的舒适度并进行适当的细节调整，最终形成完整的视觉风格设计。

确定造型、布局和配色　　　　加入质感、细节和图标

Q弹、可爱、轻松，营造可口的感觉

图5-21　从交互布局到视觉设计过程

5.2.2　简约扁平风游戏UI

扁平化设计的核心意义是去除厚重繁复的装饰效果。那些需要展现简洁、现代、未来的游戏，例如休闲过关类、射击类游戏、竞技类游戏，通常会使用这种风格。扁平化不是没有阴影，没有凸起，没有真实世界的材质感，而是瑞士平面设计风格理念所倡导的：简洁明确、传达准确。扁平化的真正目的是为了突出信息，减少不必要的视觉干扰，让视觉呈现更加简洁。

早期由于游戏画面的限制及设计师对于扁平风理解的局限性，运用到游戏UI中的扁平风通常给人一种粗糙的感觉，这一度让设计师对其能否运用在游戏中产生了怀疑。通过对优秀的扁平风游戏UI进行分析，扁平风总结成三个字就是游戏感。

什么是游戏感呢？

如果玩家体验一款游戏，好像只是走了个过场，完全没有任何互动，我们可以说这款游戏没有游戏感。那么从游戏设计角度来谈，游戏感就是对角色在游戏虚拟空间的实时控制，就是那些趣味性的交互效果和具有代入感的视觉效果等。

什么是游戏感的扁平风呢？

它是那些让你一眼就感受到很强的互动感的游戏元素，而这一类设计大多注重光效、层次、色彩等效果。这听上去好似与扁平风的设计理念有一定的冲突。好的游戏是一个故事，游戏UI就是这个故事开通给玩家的一个窗口。我们要做一个有代入感的窗口，就必须去寻找这个游戏世界的感觉，添加游戏世界中的图形元素进行设计。

电影《钢铁侠》中的UI界面加入丰富的同类色及互补色、层叠的光效、结构化的动态、智能化的交互感带给观众极大的惊喜感，如图5-22所示。

图5-22 电影《钢铁侠》中的UI界面

当我们明白这一点后，就不必一味地被设计束缚，要尽可能地为游戏系统增加一些具有游戏感的真实感与物理特性。界面操作和现实生活中的体验越相似，人们就越容易理解和喜欢操作。扁平风真正重要的还是操作能不能快速地被学习和理解，让界面更好看、更实用。

西方幻想项目案例

简约扁平风发展到今天一直在不断优化。无论是中国风还是欧美风，多少都可以看到其中运用了简约扁平风的概念。简约的设计理念在许多方面可以帮助我们改进设计，比如大面积色块的表现、简单的形状和线条、少许的质感纹理等方面。通过在设计中运用平衡、对齐、对比、留白等简约扁平风的原则来营造视觉重点，突出主题。

其实想要真正运用好扁平化设计理念绝不是一件简单的事情。练过书法的人都应该知道一件事：笔画越少的字越难写得好，反而是那些笔画多的字很容易写好。同样，越是简单的设计越是考验设计师的基本功。

1.需求分析

通过内部访谈了解产品定义，提炼客观具象的关键词。

有些项目UI在初期介入时，还没有完整的项目资料。有的负责人会提出非常明确的产品定义及需求关键词，比方说简约大气、版式新颖、信息明确、空间感等，如图5-23所示。这需要设计师凭借对现有风格趋势和需求方的审美方向去理解这些关键词具体所指的意义。以简约这样的词语为例，每个人的理解都不同，如果过早的陷入"简约"的概念中，很容易与需求方想要的方向背道而驰。

图5-23　需求分析

我们想在游戏内创建简约的设计，其实不能单方面削减图形色彩等元素。在思考游戏感的同时，如何最大限度地减少内容，这需要重新思考，去掉无用的需求，才能将最重要的元素在界面上实现预期的效果。画面内容简洁才能产生空间感。

2.设计定位

通过思维导图的方法提炼抽象的关键词。

从游戏角色和游戏场景的原画中获得的具象感受是，具有欧洲古典神话的华丽感、中世纪魔幻色彩等与项目需求的简约大气在某种层面上有一定的矛盾。当我们知道简洁是扁平风的形式，而让主题内容突出是扁平风的重点，那么我们可以理解扁平化的设计不仅仅是视觉元素上的扁平，也要尽可能地让操作流程更扁平化。

简约的设计理念在许多方面可以指导我们去打破这种矛盾感，比如以能直观感受的很多大面积色块的表现、更少的质感和更简单的外轮廓为主，而具有装饰性的图形设计作为辅助隐藏在其中，不作为画面主要关注的内容。这样用户自然而然就更容易去关注内容本身，而不是不必要的装饰，如图5-24所示。

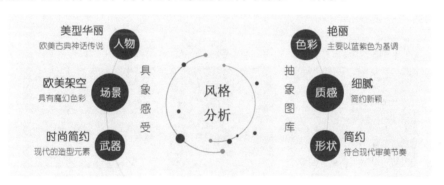

图5-24 提炼抽象关键词

3.风格确定

将抽象的关键词进行视觉图形化输出。

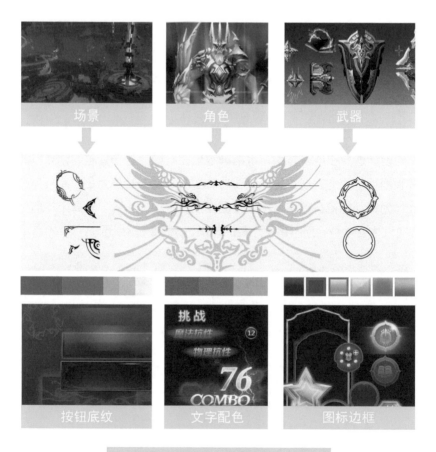

图5-25　将关键词视觉图形化

根据项目需求将素材中富有节奏感的图形元素进行提炼，并重新组合放置在简洁造型的按钮和边框内，如图5-25所示。适当弱化纹饰的存在感，整体上突出简洁的块面感；色彩方面，主要以蓝紫色为主，给人以魔幻中透着冷静的感觉；质感方面，通过矢量图层样式的方法，使其看起来不仅锐利和细腻，而且可以达到理想中的精致感。

扁平化设计大多用的是精简或抽象后得到的元素，而扁平化理念设计出来的元素，单个拆解来看，并没有那么多吸引眼球的因素，它们需要通过组合形成美感。

4.细节调整

多场景测试预估界面风格在各种色彩环境下的通用性。

将已经确定好的视觉元素，按照合理的信息布局和视觉层级逐步制作，如图5-26所示。因为光线不仅具有提示作用，而且可以增加复杂的情感，在界面中增加光线还可以营造空间感，所以在设计中加入大量的光，如神圣的光、温柔的光、冰冷的光……光线和色彩的结合可以产生多种多样的视觉语言，如在按钮中加入冷暖对比的光，可以增加细节的耐看度。

确定造型、布局和配色 加入质感、细节和图标

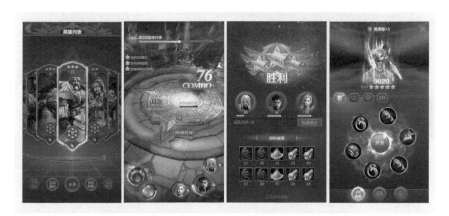

内容突出、版式透气，营造空间感

图5-26 从交互布局到视觉设计过程

简约扁平风与西方幻想的游戏结合，从交互方式和视觉层级两方面遵循简洁、流畅等审美原则，可以从整体上提示游戏，让玩家获得清爽感。

5.2.3　厚重写实风游戏UI

与生物进化的过程一样，游戏画面发展的过程从低到高依次经历了黑白、彩色、2D、3D、次时代，甚至在不久的将来全息影像技术就会普及。从这一过程可以看出人们在不断追求影像具有真实感的视觉效应。然而写实设计的伟大之处并不是完全还原实物，而是将不可思议的艺术夸张和形式创新真实展现。

通常史诗级游戏、恐怖游戏、第一人称视角射击游戏等类型的游戏，以及在游戏中有展现宏大世界观需求的情况会比较适合写实类风格。采用此类风格，场景更具真实感，气氛更具渲染性能够让玩家较好地融入到游戏的世界里。

象限图上排列着市面上按写实和卡通两个方向分类的几款游戏，如图5-27所示，我们可以看到写实通常都是如实描绘事物，而随着游戏多元化发展，越来越多过去2D卡通风格也通过写实的手法营造三维的空间。通常情况下，制作高写实度的游戏场景和模型，需要消耗游戏美术大量的时间和精力。从写实到卡通是逐渐减少真实物体的比例尺、块面数、材质、光影等细节。

图5-27　写实和卡通象限图

而常被与扁平化一起讨论的拟物是指一种模拟现实生活中所接触的真实物件的呈现方式。比如日常生活中常见的信封、开关、便签等。拟物在风格表现上不一定都是写实的，卡通化、扁平化也可以进行拟物设计，但是从一定程度上说，写实风格比扁平风格运用的拟物手法更多。

东方历史项目案例

东方历史中可以运用的视觉元素有很多，生活用品的如笔墨纸砚、印章、刺绣、瓷器、剪纸、中国结、灯笼；建筑的如华表、牌坊、城门、凉亭、土楼；宗教的如佛教的法宝、法器，道家的阴阳八卦……但同样是中国风不同历史时期不同物品传达着不同的含义，比如青铜兵器传达着浓厚的历史战争感，笔墨纸砚传达着文化书香感……

游戏中的兵器及建筑常出现威严厚重的纹饰，它们是从动物纹样衍化而来的。游戏中服饰纺织品最常出现线条细腻优雅的纹饰，它们是从水纹和云纹等衍化而来的。但在各个朝代，这些纹饰造型又有了不同的变化。商周时期青铜器的云纹伴随着雷纹，以漩涡旋纹为主构成了规整细密、繁复华丽的图形纹饰；春秋战国时期这种艺术形态经过简化和打散形成了卷云纹；到了汉代就形态而言，加入了气的视觉流动，除了卷形以外还出现了云尾，构成了力量和速度感；汉代的云气纹在魏晋南北朝得到了延续和发展，形成了流云纹。这种加入空间变形的理念使云纹呈现出风起云涌的生动性，发展到唐代的朵云纹体现了生动飘逸的形式，而由云纹拆分重组造就了明代的团云纹，如图5-28所示。

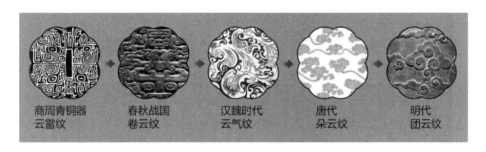

图5-28　云纹的演变

这些传统图形的形态经历了千年的历史演变，从简洁到复杂、从规矩到自由、从平面到立体，显示了传统艺术形式演变的一种规律。每一种艺术形态体现了不同历史时期独特的文化思想。不断创新是传统文化符号得以延续和发展的决定性因素，艺术形态随着每个历史时期人文思想的不同都有新的变化。

我们做了很多款ARPG历史题材的游戏，怎样才能将不同产品的特点进行差异化区分呢？这关系到玩家在玩我们游戏前对游戏的预先感知，游戏视觉品牌化区别于大多数直白的拟物设计。我们的设计师通过头脑风暴、关键词深度分析，逐渐找到了项目风格的独特性。

1.需求分析

先通过内部访谈了解产品定义，并提炼客观具象的关键词。

在风格设计之初需要进行需求分析，尽量多收集游戏美术的场景截图，如果前期场景没有通过评审，可以和相关人员沟通，提取更多的可用资料。如图5-29所示，《长城》项目的背景是中国历史架空，它是一款具有魔幻传奇色彩的网页游戏，核心机制是即时战斗、大世界、全场景，视觉风格粗犷大气、质感细腻。

图5-29　寻找符合气质的参考图

每个人的成长背景不同，因此会产生出对事物理解不同的心智模型。很多时候设计师对需求定位的理解和制作人可能完全不同，而且相同的关键词的不同比例分配，也会造成设计与预想的结果有很大距离。在我们不能明确具体方向时，可以通过一些设计风格差异较大的草图方案，让项目成员或领导理解你的设计和推理过程，让团队参与到设计中来，共同促进方案顺利落地。

比如可以让对方整体评价哪些内容符合自身产品的气质，产品应该是怎样的，为什么。充分了解对方的感受，找到现在的风格中存在的问题，期望达到怎样的效果。即便方案一次没有通过，也可以减少后期反复修改的重复劳动。

如图5-30所示，通过进行深入的沟通，我们了解到在《长城》项目中虽然城墙和战争是很关键的元素，但是单纯用现实的城墙、盔甲作为界面表现元素过于直白且比较常见，不能与市面上常见的同类产品形成差异。

在接收大量图像及语言信息之后，有时候我们不是没有想法，而是想法太多，脑子里的思路总是容易受到干扰，不能准确捕捉想法。这时可以用一些零散的时间去进行头脑风暴，先完成粗略的思维框架，把它们记下来可以帮你快速理清思路。

图5-30 通过草图方案进行深入沟通

头脑风暴的技巧是寻找一个陌生的可以让人静下来的环境，随意地在本子上把脑子里面的词汇写下来或者是画出来。例如对城墙和战争进行联想，我们想到军队、边关、兵书、战火、盾牌等，如图5-31所示。在这个过程中，不用想规则和限制。

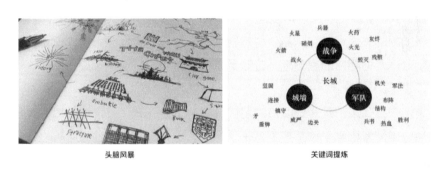

图5-31 从头脑风暴到关键词提炼

将罗列出来的清单进行自由组合和混合搭配。当我们铺开了大量的想法后，接下来就是制作思维导图来帮助我们思考，重新组合与处理信息，对关键词进行提炼。设计师只有懂得舍弃，才能度过创意过程中的瓶颈期。

2.设计定位

通过思维导图的方法提炼抽象的关键词。

项目的核心定位关系到玩家在玩游戏前对游戏的预先感知。完成与其他同类型游戏视觉品牌的区别需要大胆假设。关键词都是大家比较熟知的，因此直接用它们指导设计是缺少深度的。所以我们要在关键词的基础上发散思维，找到更具情感化的联系。

图5-32首先拿战争、城墙、军队做更深层次的关键词分析。提到战争会让人想到兵器，兵器都带有尖锐凶猛的纹饰；提到城墙会让人想到坚固，坚固的建筑包含

几何、梯形的结构；提到军队会让人想到结构化，稳固的结构化排布有工字、三角形等，这3个关键词归纳出的感官形容词是坚硬、稳定、重复。

深度归纳　　　　　　　　　深度解构

图5-32　关键词深度归纳和深度解构

在这过程中很多描述可能有两面性，城墙和战争带给人的预期是坚不可摧的，虽然战争也有毁灭、残破的方向，但是如果游戏希望给玩家提供的感受是庄严和正面的，那么我们需要从积极的角度去分析。我们从最初的长城推导出3个形容词，再将其进行抽象的关键词解构，坚硬联想到金属尖锐感、稳定联想到厚重稳固感、重复联想到分形几何图形的重复感，这些具象的关键词可以更加明确地指导设计师进行设计，如图5-33所示。

如果这个游戏还带着一些魔幻的剧情及其他多种元素，就增加了核心定位以外的丰富性，但两者相当于一个是骨，一个为皮。深入思考游戏的核心机制，棕色的色彩调可以满足史诗感，图形的尖锐感、稳固感和几何感等视觉语言可以使游戏达到视觉的差异化。

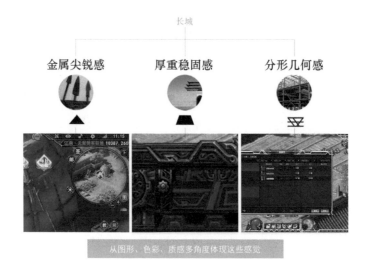

图5-33　提取元素进行风格草图

3.风格确定

将抽象的关键词进行视觉图形化输出。

在风格的大方向确定后再进行一些大胆的差异化设计，让所有的元素形成延展整合，逐渐打磨风格的完整性。然后审核并调整创意，比如从多种角度去衡量创意的合理性，从产品角度、用户角度、技术角度进行受众统计及美感刺激。

我们将确定好的定位贯穿到局部花纹的绘制中，将那些具象的图形进行抽象化的同时，让图形的形式感和节奏感与整体的结构融合在一起，如图5-34所示。有时候设计师会对一些艺术效果产生个人倾向，但是需要把握艺术与商业的契合度，将发散的思维带回，明确受众的喜好。有时候有些想法是好的，但是如果太脱离当下就会变成一些不能落地的概念。

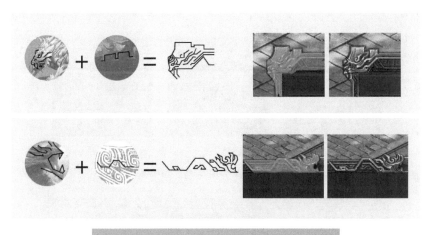

提炼图形形式感和节奏感进行组合

图5-34 局部特写的绘制过程

很大一部分的ARPG类游戏玩家会喜欢游戏界面中的一些拟物装饰，有一些玩家会始终保持，另一些玩家由于接触更多类型的游戏而产生不同的需求。比如玩多了优秀的单机游戏，玩家会更关注游戏场景，喜欢简洁的画面，而有的玩家审美提高后开始欣赏抽象的图形语言。

在游戏UI设计中的拟物设计，可以对处于游戏世界观下的产物进行思考，它可以独立于游戏产品本身，而不受真实世界影响。拟物风格问题不能一概而论，应当回到设计的原点——让用户使用方便。拟物或者不拟物，取决于怎样能提供更好的用户体验，再现的画面是否符合玩家的心理预期，符合记忆和想象本身的暗示，能否让玩家找到线索激起联想与共鸣。

4.细节调整

多场景测试预估界面风格在各种色彩环境下的通用性。

据了解，很大一部分ARPG类型的游戏玩家，还是喜欢具有一定装饰元素的游戏界面。但是我们也学习了扁平理念中比较好的方法，减少界面内不必要的线条分割，避免同信息内容互相作用，造成错乱的视觉层级关系，让拟物元素尽可能地出现在玩家需要沉浸的玩法系统中，以及强反馈的界面表现上。

如图5-35所示，将确定好的信息布局逐渐加入视觉元素，并始终保持正确的层级关系。所有的控件元素都从尖锐、稳固和几何感3个方面来营造长城的感觉。用多场景测试预估界面风格在各种色彩环境下的通用性。通常我们将风格概念设计与UI功能开发工作分开进行，先确保基本的风格色调不变，再进行系统开发，避免大量无效的工作。

先确定信息布局再调整视觉层级

尖锐、稳固、几何营造长城的感觉

图5-35　从交互布局到视觉设计过程

　　视觉风格设计并不仅仅是确定某个色彩基调或者选择哪套方案那么简单，在确定设计方向的过程中有诸多的限制。比如公司领导层对项目的重视程度决定了这个项目的周期及可获取的资源，我们不能单方面考虑用户喜好，还需要考虑产品特性及领导层的看法，设计师需要在其中起到平衡作用，为个人喜好留出适当的妥协空间，将矛盾的观点进行创造性的结合。

5.3　游戏UI趋势探索

　　很多游戏UI设计师把能力成长的关注点放在提升设计技巧和审美水平上。由于这些基础需要太多的时间和精力，因而会让游戏UI设计师忽略更高层次的设计方法论的建设与运用。然而游戏UI设计师只有深入分析设计过程，才能找到塑造符合产品定位并且充满趣味的创意。

5.3.1　视觉体验趋势探索

　　从不同的设计门类寻找和借鉴新兴的设计元素。通过分析产品设计、平面设计、传统绘画、流行服饰、建筑、新媒体等艺术设计的发展趋势来收集借鉴当前流行的设计语言。在理解和掌握其研究成果的基础上，以应用到界面设计的可行性为评判标准对于这些设计门类进行筛选、归纳、提炼，并重新整理。最终会对设计灵感和创意思路产生启发。

　　很多世界知名设计中心及相关设计机构，每年都会发布各领域的设计趋势。这些与平面视觉有更多相关性，作为游戏UI设计师，我们不仅要关注业内的游戏美术风格，还要分辨出哪些其他领域的趋势对于我们是有用的。如图5-36所示，游戏UI的视觉设计虽然相对含蓄地融合在游戏当中，但是也可以看到一些其他领域的影子。

　　对于视觉设计来说，重要元素比如字体、形状、版式、色彩、材质、动态等需要切实应用到游戏中，与游戏世界观、美术风格达到协调统一。在把握趋势的同时，我们需要理解趋势对于我们的真实意义，更多地考虑游戏的世界观和美术风格，而不是一味跟风。现在，很多产品趋势都从"形式追随功能"向"形式追随情感"转变，满足人们的情感需求才能引起共鸣。

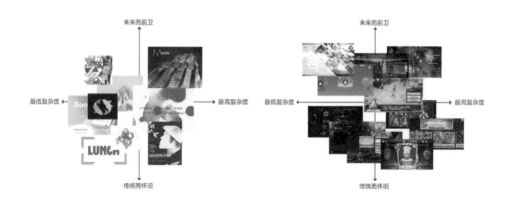

图5-36　趋势分析图

理性地判断产品与趋势

我们看到一些初学者及有经验的设计师对创作的尝试，他们尽可能创造出好看夺目的内容。然而如果我们希望创造出容易上手操作的游戏，游戏UI必须更多地思考功能而非仅仅作为视觉表现的形式。装饰性设计能起到吸引眼球的作用，但使用过多也会让玩家感到迷惑。花大量时间和资源去创造一个吸引人的界面有可能只会适得其反，最终呈献给玩家一个不友好的游戏用户界面。所以只有在UI的交互框架基本完成，创造出最理想的功能后，才能去美化UI。

那么面对那么多丰富多彩的视觉风格，我们需要识别趋势，是跟随某种趋势，还是应该避免跟随某种趋势。

在《暗黑破坏神3》面世前，WUI、HUI行业已经对简洁扁平风格提倡了很久。但是《暗黑破坏神3》依然自信地将自身对UI原则的理解完美诠释，完美的拟物界面仿佛给了那些鼓吹界面简洁化的人致命一击。很多人开始盲目模仿，以至于当时大量游戏不管什么美术风格都贴上了暗黑的标签，但很少有人理解暗黑界面信息与装饰的合理布局。如今游戏分类更明确，人们对待风格更加克制、谨慎。

首先回忆下在设计初期的准备阶段，设计师会针对游戏类型寻找相关的竞品，进行收集与梳理，或者根据老板、策划等人的要求及提供的参考材料去找类似感觉的作品来制作竞品图谱。

从视觉和信息维度来分析行业标杆产品，再从象限坐标中去分析，找到更适合自身产品的定位，如图5-37所示。这些方法最终能发挥怎样的作用依赖于设计师平时的工作习惯和思维模式。使用这些方法还要注意辨别它是否属于同类型的产品，因为有的游戏世界观会限制其视觉风格。比较复古厚重场景的游戏，如果硬要融入简约扁平的视觉元素，界面完全跳脱整个游戏美术风格之外，那么产品的质感也会降低。

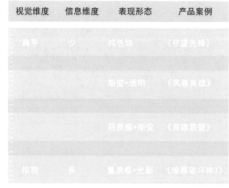

从多维度分析标杆产品

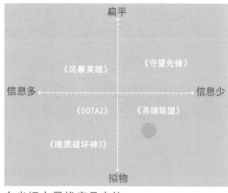

在坐标中寻找产品定位

图5-37　理性的市场定位

　　在游戏界面设计过程中，信息的有效传播是游戏界面的本质追求。功能性是游戏界面设计的首要因素，它决定着一款游戏的视觉表现，而艺术性则是游戏功能性的外在表现。为了更好地服务内容和玩家，游戏UI视觉设计需要从多方面去思考。

感性回归创新与颠覆

　　游戏美术风格对UI视觉设计有一定的限制，大量同质的美术风格影响了我们对于当下流行的判断。那些真正能给我们留下深刻印象的风格，通常具备强烈的矛盾感和惊喜感，它们不一定完美但是有很大的上升空间。原始观念的产生与传递需要一个过程，我们可以关注这些初始想法，并通过不断努力使风格更加完善，更易于玩家接受。

　　《纸境》是一个很有意境的解谜游戏，它的所有场景都是剪纸塑造出来的，交互形态呈现出一种艺术品独特而浓厚的意境。《纪念碑谷》同样也是一款解谜游戏，通过探索和发现视觉错觉，来帮助公主走出纪念碑迷阵。童年时，我们都或多或少接触过折纸游戏、立体贺卡、三维画，《纸境》和《纪念碑谷》从这些古老的工艺中获得灵感，将这些记忆中的事物加入当下流行的色彩及光影的表现手法，其视觉形态令人耳目一新，让玩家在欣赏画面的同时了解剧情，沉浸到游戏中。《纸境》与《纪念碑谷》的创意来源，如图5-38所示。

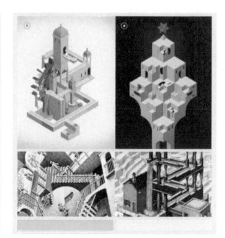

《纸境》与立体纸艺　　　　　　　　　《纪念碑谷》与埃舍尔

图5-38　《纸境》与《纪念碑谷》的创意来源

　　研究游戏美术风格和游戏类型是为了设计出能够正确体现产品定位，突出产品个性，具有创新风格的优秀设计作品。对于游戏UI来说，游戏的文化背景和美术风格是很重要的信息，一个画面就能激发想象，一种情怀也能引发创作灵感。

　　我们要在理解趋势的同时不被趋势所束缚，专注产品本身，做出合适的原创风格。风格本身没有好坏之分，只怕没有应用在合适的地方，没有深入一个完整的形态。从那些原始资料中找出新的方向，形成产品特有的风格。单方面从其他设计作品中找灵感是无法超越别人的。

　　从过去的事物中寻找新的方向，不断归纳和重构元素是一个痛并快乐的过程。想要成为一个有思想的设计师，就要学会抵制趋势的力量，学会用心去创作。近年来国内相继出现很多优秀的独立游戏作品，让中国游戏呈多元化的发展方向，让我们一起期待出现更多风格令人惊艳的游戏作品。

5.3.2　交互体验趋势探索

　　随着国内游戏行业对产品整体体验的认知逐渐增强，游戏体验设计的重要性与工作范围将会有更大的提升。游戏体验不断变化，较之过去的推陈出新，现在更多的是回归理性，在深入优化体验上下工夫。一方面是将个性化的操作方式与用户行为相匹配，另一方面是为了减少操作路径，满足不同用户的需求，更好地贴合用户的行为模式。

　　不同行业的泛体验趋势能够给设计师带来新的养分和新的契机，使设计师解决问题的方式更加多样化。

趋于本能的交互

想要让玩家享受到趋于本能的交互体验，首先要知道人类的感知体验是怎样的。我们从沉浸感和心流、情境学习、戏剧理论、无缝连接等方法出发来研究趋于本能的交互。

（1）沉浸感和心流

沉浸感指玩家与游戏角色融为一体，直接感受着角色的紧张和好奇。沉浸感强的游戏有很好的代入感，能使玩家产生很强的参与感。匈牙利心理学家哈里·齐克森发现心流是一种注意力高度集中于某种活动的感觉。当玩家在游戏中产生心流时，说明玩家遇到了某种匹配自身能力的挑战，进入了全身心投入和享受的状态，而过于困难和过于简单的游戏都会使沉浸感消失。

Jon Boorstin在*The Hollywood Eye:What Makes Movies Work*一书中就如何做一部好电影指出，电影在三个不同的情感层次上吸引着人们：本能（visceral）、代入（vicarious）和窥视（voyeur），如图5-39所示。

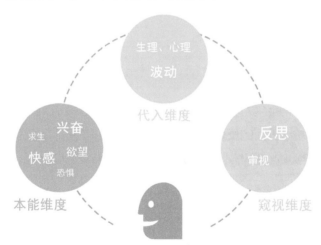

图5-39　三个不同的情感层次

· 本能维度：求生的本能、掌控的兴奋、摧毁的快感、强烈的欲望、深度的恐惧，这些感觉都是与生俱来的。

· 代入维度：将自己融入电影故事和情感线索中产生的移情体验，这种体验随着情节的跌宕起伏而变化，具体表现为，代表生理指标的SCL出现了波动，同时还伴随着情绪指数值的上下波动。比如当玩家一直无法完成任务时，代表情绪指数的

Emo.l值会趋向消极，甚至产生愤怒。

·窥视维度：人们从剧情中脱离，并对体验加以评论和思考。窥视维度会影响本能维度与代入维度。

对比Jon Boorstin所说的三大维度，沉浸感其实就是在本能维度的体验，心流其实就是在代入维度的体验，而窥视维度属于脱离了沉浸感和心流的状态。比如一个用户说："游戏画面怎么不动了"，这时的疑问就已经打断了用户前面的愉悦体验，使得沉浸感与心流消失，因此在游戏结束之前，我们需要避免窥视维度的出现。

通常游戏策划会制定明确的游戏主题和目标，玩家基于这个目标做任务从而获得成就感，而剧情通过游戏场景、动画、音效来进行催化，符合主题和目标的所有元素可以帮助游戏搭建临场感，使玩家移情到游戏角色中。

作为游戏UI设计师的我们，首先从交互和视觉两个角度思考，哪些方法可以避免窥视维度的出现，让玩家获得更大的沉浸感。

从交互设计视角去保证用户心流持续，需要注意以下几点：

·是否简化信息和重复操作？

·布局是否合理有效地减少了学习和思考？

·是否存在着易用性误区？

·是否符合目标用户玩家的操作习惯？

·是否符合现实人际交往的规则？

通常便签放在界面的左边或者上边，比较重要的操作按钮放在界面的右下方。因此图5-40中，左边界面的原型布局不符合常理，不符合目标用户的操作习惯。而右边的界面就是常见的布局形式，能够让玩家快速理解。

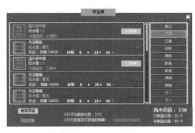 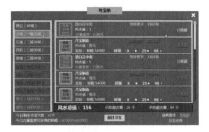

布局不合理,逻辑理解困难   布局合理容易理解

不符合目标用户玩家的操作习惯   符合目标用户玩家的操作习惯

图5-40　交互影响因素

从视觉设计角度保证用户心流进行，需要注意以下几点：

- 风格是否符合游戏的核心定位？
- 界面视觉层级是否清晰，视线流是否顺畅？
- 设计是否突出重要信息？
- 视觉元素的繁简是否符合风格和需求？
- 是否能有效节省空间加载资源？

界面视觉层级及视线流错乱　　　　　　　　界面视觉层级及视线流合理
视觉元素不符合风格和需求　　　　　　　　视觉元素符合风格和需求

图5-41　视觉影响因素

如图5-41所示，左边界面的便签、按钮及文字等多个元素与边框的风格不统一，缺少透明度变化也让视觉层级比较错乱。右边界面将边框按钮风格进行统一，纸质日历的签到区域与下面领取奖励的区域不仅能够区分也能够协调在一起。

除了满足感官享受、逻辑上符合故事的发展，还需要让玩家产生好奇、悲伤、信息、敬畏和满足等情绪，这三方面结合才能打造真正的沉浸感，通过积极情绪和消极情绪的波动才能产生心流体验。

（2）情境学习

情境学习不仅是一种使教学情境化或与情境密切相关的建议，而且是有关人类学习知识本质的一种理论，它是研究人类知识如何在活动过程中发展的。情境认知理论认为，知识是一种动态的建构与组织。知识只有通过行为活动不断应用才能被完全理解。知识是个体与环境交互作用过程中建构的一种交互状态，参与实践的过程可以促进学习和理解。

近几年随着可穿戴设备的兴起，虚拟现实技术的完善，比如挥动手臂可以移动电脑里的文件，使用一个特殊的手势可以完成支付，这些技术使人与机器的互动更加直接并趋于本能，减少了通过操作的比重。一些优秀的游戏新手教学也抛开了文字、语音及箭头的指引，通过减少干扰和隐喻的方法对玩家进行引导。

如图5-42所示，《多纳学英语》这款应用在整个英语学习过程都处于不同的情境中。如在练习书写的过程中，模拟孩子们在沙滩上做游戏的情景，启发孩子们反复书写的兴趣。情境学习首要前提是把玩家代入到游戏的故事中，边游戏边思考怎么去解决问题，这样可以调动玩家的主动性，积极参与游戏。

图5-42　情境学习——《多纳学英语》

在情境学习中，交互并不局限于UI界面的交互，还包括玩家与游戏内容的交互、玩家与玩家之间的交互，以及三种交互方式之间互相依赖、互相作用。同样游戏UI的视觉设计紧密融合了美术领域和交互领域，而游戏UI的交互设计也同样存在于游戏设计的各个领域中。

（3）戏剧理论

叙事理论主要来源于文学、电影和戏剧专业。叙事这里主要是指游戏世界是由一个个故事构筑的，因此它侧重于将游戏当成故事进行分析。很多游戏之所以吸引人，很大一个原因在于它的叙事性，游戏的故事情节能使玩家产生身临其境的感觉。

游戏大师Chris Crawford把叙事性故事发展的交互称为"叙事性交互"。叙事是一种信息，向我们传达一个行为的细节。那些帮助游戏叙述游戏世界信息的UI组件、交互方式能够提供给玩家一些提示信息，而不会让他们从游戏世界的叙述中分散注意力。这些信息是需要玩家所控制的角色及游戏世界中的其他角色用到的内容。

根据故事背景的不同，科幻题材可以是以物理学、生物学、天文学等自然学科为基础的硬科幻，也可以是以哲学、心理学为基础的软科幻。图5-43展示了两组科幻题材的游戏界面及场景概念图，左图看起来更沉重和沧桑，感觉像是物资匮乏并且生存极其困难的过去时空；而右图线条清晰明快，感觉是高度文明的未来时空。所以设计师在做设计之前，还需要深入挖掘游戏的故事细节，让游戏体验更加具有沉浸感与戏剧化。

图5-43 不同故事背景的科幻题材

如图5-44所示，传统戏剧术语中的"第四面墙"指在舞台上，一般写实的室内景只有三面墙，沿台口的一面没有墙，用来分离观众和故事，它被视为"第四面墙"。而实际上并不存在这面维系玩家与游戏世界之间的"墙"。为了让玩家真正沉浸到游戏中去，游戏设计尽可能地让玩家能穿过这第四道墙，如NPC与玩家面对面的眼神交流，让玩家更容易产生共情和同理心，以此来调动玩家的参与感。

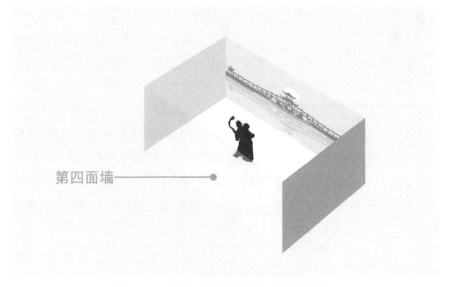

图5-44 传统戏剧术语中的"第四面墙"

《孤岛惊魂2》通过使用各种游戏世界中的道具使玩家无需参考外界元素便能够获得所需信息，如图5-45所示。虽然这种组件能够让游戏更有沉浸式体验，但是如果设置不合理的话，也会带来负面效果，如让玩家感到沮丧并不再信任游戏，甚至退出游戏。不同的游戏类型要选择不同的沉浸式体验与现实成分，如果忽略了这一点，游戏的故事叙述也会受到影响。

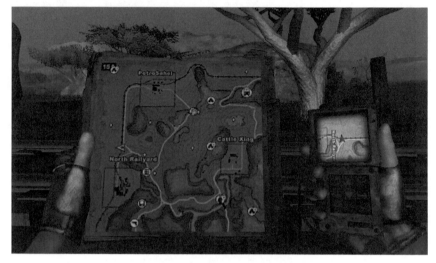

图5-45　《孤岛惊魂2》地图功能

（4）无缝连接

笔记本、平板电脑、手机、智能手表等为玩家随时开始游戏提供了可能。跨平台产品通过使用同一账号、便捷的跨终端设备等让玩家体验了同一个游戏。在不同的系统和设备间无缝操作同一个游戏，保证与游戏世界的连续性是关键，这是游戏UI设计师需要考虑的。《阴阳师》游戏华丽的画面和有趣的交互方式在移动端、PC端及各种社群之间占用着用户大量的时间。这种线上线下、研发和运营通过紧密的无缝合作，让玩家对游戏品牌文化产生认同和情感连接，如图5-46所示。

为了让玩家能够更轻松地穿梭于现实世界与游戏世界之间，游戏UI设计师必须尽可能地在游戏内和游戏外给玩家传递更多信息。比如将玩家最新的游戏成就、游戏视频发布到各个社交平台，这也就是游戏对于第四面墙的延伸。而创意必须是玩家能够直接感知的游戏特色，只有方式更便于理解和贴近用户，用户才能愿意花更多时间。

研发和运营更加无缝合作

图5-46 无缝跨平台操作

情感化人文关怀

20世纪80年代，美国社会预测学家约翰·奈斯比特就在他的书中提出"社会中高技术越多，就越需要人的情感"的观点。国际著名心理学家、当代认知心理学应用先驱唐纳·诺曼在他的著作《情感化设计》中，根据产品和消费者交互的深度和广度，将设计分为三种境界，阐述了情感在本能、行为和反思不同层面的设计中的重要作用，如图5-47所示。

游戏UI本能层设计关注视觉情感化，关注怎样的色彩、质感及图形的比例节奏带给整套设计的直观感受。行为层设计关注操作情感化，从认知发展角度去发掘行为设计和游戏中操作带来的效率与乐趣。反思层设计关注内容情感化，通过游戏中的内容实践引起玩家的共鸣。

图5-47 情感化设计的三个层次

如何触发玩家的情感？

情感化设计的核心在于"情感"二字，目标用户好比我们需要追求的那个人，我们要用心打造一个能让他获得喜悦的体验及情感上满足的界面。我们想打动人心先要了解人的大脑是怎样感知和做判断的。

情感体验过程，如图5-48所示。我们的大脑通过感觉接收信息而获得当前的感知，在这个过程中，一部分信息会被保存在大脑中。当我们再次看到这一事物时，曾经的记忆会被唤起，重现的记忆能引起积极的情绪，大脑被感动因此不知不觉就会产出认同，影响着人在理性状态下的判断。

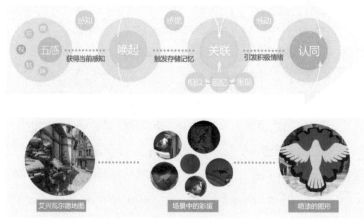

情感化体验——细节处见内涵

图5-48　情感体验过程

那些优秀的游戏设计师深知这些原理，《守望先锋》的艾兴瓦尔德地图中暗藏着非常多的惊喜，如桌子上莱茵哈特名字的刻印、恶搞的乐器店名称、好似暗黑破坏神的猎物头角……场景中、壁画中、壁纸中、勋章中的小鸟在潜移默化中存入了我们的记忆，当记忆与重现的妮妮守望的喷漆图形重合时，就会让人产生莫名的亲切感和使命感。

因此游戏情感化的人文关怀可以通过情感的不同层面进行设计。本能层设计关注建立真实的世界，行为层设计关注功能结合故事，反思层设计关注重复强调核心。

本能层是模糊的直观感觉的人机对话。设计更多考虑的是人体器官在触觉、视觉和听觉等方面的直观感受，关注的是产品的外表。本能层设计也是最容易随着流行趋势所更改的。通过一目了然的色彩明度和温度呈现游戏的风格，通过简单的图形文字概括自身的功能。选择一些可以融入其中又区别于同类产品的元素，让玩家对产品与同类产品从直观上产生一定的区分认知。

如图5-49所示，《洛奇英雄传》中的一些系统没有直接的弹出窗口，而是让玩家与NPC对话，屏蔽了嘈杂的场景，镜头切换成一个比较封闭的空间。相应的NPC的音效、场景和特效的紧密配合，传达着游戏世界的真实感。当四周暗下来时，玩家的视线会聚焦到NPC的面部，听着语音对话、感受着场景环境音效，视觉、听觉及多种神经皮质都被调动起来，大脑会产生真实经历的感受。

图5-49　游戏中的铁匠铺场景和现实声音

行为层是深入而直观的人机对话，设计更多的是人们使用产品后的直观感受，从认知角度进行行为设计，关注产品的效用和性能就能随着产品易用性的提高而缩短设计周期。比如在一定程度上简化操作层级，配合游戏玩法降低一定的游戏难度，引导玩家之间的交互，多方面帮助玩家在游戏内体验流畅的学习过程。

讲一个故事，在一个比较简单的系统里，想象一个普通玩家在50级前的某一时间点，主界面突然弹出一个新界面，其中有可供选择的其他职业的图标、角色形象及文字说明。我将自己现在的职业和其他新的职业进行对比，发现原来自己更喜欢法杖这个职业，我决定换新的职业玩，可是问题来了，已有的属性点和技能点对新的职业是否有影响呢？界面中文字提示50级前都是可以免费洗点的，这回可以放心更换职业了。选择完成后，系统提示已经转职成功了，可以开启新职业了。

从这个简单的故事里，我们知道界面弹出的时间为50级前自动弹出；界面内容为不同职业，如图标、角色、文字的信息等；想要预知未来的职业发展，所以要将信息进行对比；需要提示免费洗点避免误操作；玩家确定更换职业并通过按钮操作，最后弹出转职成功的提示。

而一个比较复杂的系统如副本，需要几个职业不同的玩家配合来完成。首先把自己带入到故事中，想象自己是一个团队的队长，与几个玩家组队完成一个副本任务。你需要抵抗Boss的攻击，掩护队友在指定时间内击毁一个机关。你与队友需要了解彼此的进程，便于在最短时间内汇合，逃出即将崩塌的建筑。

如图5-50所示，上面的故事涉及了玩家之间与副本内容的交互节点，如组队需要的队友信息；指定时间为倒计时；机关所在的位置可以在场景中有高亮提示，也可以在小地图上标记，或通过Tips说明；进程需要组队成员同步信息；Boss的血条、Buff状态、机关击毁的进度、节点反馈；此外还需要最终完成任务的胜利表现。

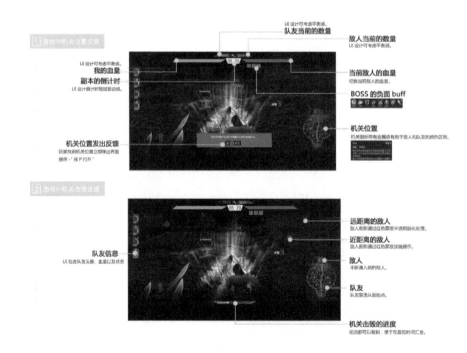

图5-50　通过完善故事洞察玩家需求

现实中不可能完成的任务，在游戏中设计师考虑玩家的操作情景，把每一个关键的接触点进行设计来完善整个流程的故事。从中洞察玩家在游戏世界中所需要的帮助，使玩家可以进行融洽的合作。保持适度的紧张感，让玩家不会因为难度过大而被迫停止，促进玩家产生积极的情绪，释放更多的皮质醇，获得想持续玩游戏的感觉。当玩家在游戏中成为英雄时，他可能想分享给朋友，并留住这一刻的记忆，因此设计师可以设计如保存到系统、拍照转发朋友圈等功能。

前面两个故事中的关键点，包含了玩家与该任务需要交互的接触点。这些接触点可以转化相应的语音、音效、Tips、UI控件、动效及程序配置。设计师根据这些接触点的顺序来规划游戏交互的时间顺序，根据其优先级来规划页面的布局。设计师不仅是为了游戏更酷炫去设计，而且要考虑玩家行为背后的需求。因为满足玩家的需求，让一切自然而然的发生，让玩家有掌控感，才会让游戏体验变得更好。

反思层是人与产品之间的深入对话。反思设计在更大程度上满足了人们精神层面的需求。从情感的角度挖掘代入情感的故事情节，努力将人的情感代入设计中，使产品更具亲和力，并与用户之间形成情感的联系。游戏一切策略都是围绕着游戏玩法的核心展开的，设计师通过尽可能多地围绕这个核心去设计，这样不断强化能使玩家对游戏产生更深的思考。

如《风之旅人》之所以这样出色，艺术和配乐都获得各种提名、收录及大奖，并不只是因为它所选择的艺术表现形式，还在于陈星汉期望通过游戏来展现的情感，孤独、悲伤和渴望交流的内心诉求。《守望先锋》的不同系统从多方面不断强调对英雄的展示，有搞怪的英雄、性感的英雄、炫酷的英雄，通过对每个英雄差异化的设计来让玩家深入了解每个英雄的特点和个性，从而使玩家对游戏创造的架空世界所需要的英雄有更深的理解，玩家也会对其产生更深的情感连接，如图5-51所示。

《守望先锋》不断强化英雄　　　　　　　　《风之旅人》不断强化孤独

图5-51　不断重复强调的核心

5.4　小结

真正能给我们留下深刻印象的其实是那些个性特征鲜明，不一定完美但通常具备强烈的视觉冲击力和惊喜的设计。所以如果我们想把握趋势和引领潮流，必须要考虑如何才能创造惊喜和引发认同。过度解读设计趋势往往意义不大，设计的一切都是为产品服务的，无论是哪种设计风格，都需要挖掘产品自身的特殊性，设计师在此基础上独立思考对产品进行定制化设计。设计的核心目标一直都是更好地解决问题，无论何种风格，本质都是为解决问题而服务的。

终章：通往游戏UI设计大师之路

全世界在大规模开展体验经济，用户体验战略被视为企业战略，企业通过用户体验设计战略引领商业变革与组织管理结构创新。在面对这些社会变革、企业变革和设计变革时，所有的设计师都将面临设计理念及知识体系等多方面的挑战。面对挑战需要设计师不被自己的心态所局限，不被自己过往的经验和接触到的东西所束缚。

行业发展太快，很多设计师跑着跑着失去了方向，陷入了迷茫中，有的甚至去了其他行业。每个资深的设计师，在成长的不同阶段都会产生困惑，只是他们在瓶颈期懂得及时调整自己的心态。很多人被脑袋中的已有经验所固化，对自己的作品孤芳自赏，看不到他人思维的闪光点，以为自己做过很多项目就带着固有经验埋头去做设计，缺少沟通最终得到的效果也不够理想。

我一直思考怎样可以将游戏UI做得更好，是不断强化手绘和软件技巧，还是学习心理学、交互和用研的相关知识？

其实这些还不够，我们还需要扩大自己的知识面，扩展多种思维方式，加深对商业与品牌的理解，加强沟通与说服能力、情绪管理能力等。多了解其他岗位同事的思考方式，并将其与自己的专业知识连接，"不离学术，不离实践"，才能在工作中不纠结，不困扰，从而提高自己的抗压能力和应变能力。

几年前定义的用户体验概括来说是指用户操作过程中是否流畅，发展至今，更多的设计团队将其定义升级到产品和商业中。只有打开视野跨界学习，才能支撑设计师站在更高的角度帮助团队定义游戏UI及游戏体验的方向，用设计、品牌、体验去驱动游戏的价值。

在通往游戏UI大师的路上，我们需要了解得还很多。

对设计、游戏、行业的发展史及发展趋势保持敏感度。

对专业知识的学习和对技术语言的研究有助于理解上下游同事的意图，从对立到了解再到接纳，可以帮助你在研发过程中与同事保持有效的协作。

对于视觉细节要精确到每一个像素、每一个比例，要把平衡作为设计师对视觉完美呈现的追求。

逻辑思维能力和语言表达能力是有效推动自己设计主张和最终效果实现的重要能力。

对于设计思维深度钻研及探讨，尊重前辈并以空杯心态去工作，是设计师提升各方面能力的关键。

华为首席体验架构师周陟老师曾说过，"无论是交互设计师还是视觉设计师，本质都是对信息做处理设计"，从专业思维来看两者的本质是一样的，在工作中虽然有岗位概念，但是我们自己不必给自己过多限制，能够有项目让我们快速切换视角，对于设计师来说是非常好的机遇。

想要给自己更新就需要抛开过去的成功经验，避免在前期盲目自信，通过自身的意志去克服拒绝变化的心理。在自我否定的基础上更新认知，而空杯心态带来的紧张感可以提高我们对新事物的接收速度及学习能力。